流域多水源空间均衡配置研究

王 煜 李福生 侯红雨 赵 焱 严登华 崔 萌等 著

U0249419

科学出版社
北 京

内 容 简 介

本书以湟水流域为研究对象，通过野外观测、规律揭示、数值模拟、方法创建、技术集成等多种研究手段，开展了湟水流域多水源空间均衡配置研究，解决了引黄济宁工程规模优化和引大济湟工程运用等重大技术问题。同时，深化了对湟水河谷生态演变规律的认知，构建了流域"山水林田湖草"生态优化格局，创立了基于分布式水文-水动力学-栖息地模型的河道内生态需水分析技术、生态优先下多水源可供水量评价技术与流域多水源空间均衡配置技术，促进了流域生态空间优化布局、多水源空间均衡配置关键技术、大型引调水工程优化论证、流域生态保护与高质量发展研究等方面的发展。

本书可供研究和关心流域水资源配置与管理的专业人士和管理者参考，也可供水利、水电、环境、气候、地理等相关专业的科技工作者、管理人员及相关学科的本科生、研究生阅读和参考。

图书在版编目（CIP）数据

流域多水源空间均衡配置研究 / 王煜等著.—北京：科学出版社，2020.8
ISBN 978-7-03-065388-8

Ⅰ.①流… Ⅱ.①王… Ⅲ.①水资源管理-资源配置-研究-青海
Ⅳ.①TV213.4

中国版本图书馆 CIP 数据核字（2020）第 095249 号

责任编辑：杨帅英　张力群 / 责任校对：何艳萍
责任印制：吴兆东 / 封面设计：图阅社

科 学 出 版 社 出版
北京东黄城根北街 16 号
邮政编码：100717
http://www.sciencep.com
北京建宏印刷有限公司 印刷
科学出版社发行　各地新华书店经销
*

2020 年 8 月第 一 版　开本：720×1000　B5
2023 年 1 月第二次印刷　印张：14 1/2
字数：277 000
定价：150.00 元
（如有印装质量问题，我社负责调换）

作者名单

王　煜　李福生　侯红雨

赵　焱　严登华　崔　萌

秦天玲　刘柏君　侯保俭

序

　　流域多水源空间均衡配置是当前国家水资源研究中的重大实践问题，也是实现"科学调水"的一个难题，涉及水文水资源、生态学、系统运筹学、信息技术等多个学科。随着黄河流域生态保护与高质量发展国家战略的推进，如何优化流域生态空间布局，如何合理配置包括流域地表水、地下水、非常规水以及外流域调水在内的多种水源，如何科学确定外流域调水的工程规模，等等，都需要从理论层面和技术层面开展深入研究，从而更好地服务于国家战略落地。

　　湟水流域作为黄河的一级支流，在黄河流域生态保护和高质量经济发展方面具有重要的地位。青海被誉为"三江源""中华水塔"，是我国最重要的水源涵养区之一，也是国家生态安全屏障，生态地位十分重要。湟水流域是青海省政治经济文化中心，其经济总量和人口等占到青海全省的60%以上，随着《兰州—西宁城市群发展规划》等战略落地，未来区域人口、经济等要素集聚效应还将进一步提升。当前，湟水流域局部地区地下水超采，生产生活用水挤占河流生态水量，河流纳污能力下降、水生态功能降低；未来流域生态保护与高质量发展还需要增加一定的水资源需求，湟水河谷生产、生活、生态供需矛盾将更加突出。国家非常重视湟水河谷发展和水安全问题，2018 年 8 月李克强总理主持召开国务院西部地区开发领导小组会议，提出抓紧推进引黄济宁等重大引调水工程。引黄济宁工程加上已经建设的青海省引大济湟，可以实现黄河干流、湟水河谷、大通河等多水源互联互通和优化配置，支撑湟水河谷生态保护和高质量发展，对三江源保护和兰西城市群发展也有重要作用。引黄济宁调水工程必要性和工程规模论证的关键是引黄、引大、湟水地表水和地下水等多种水源优化配置，即湟水河谷多水源空间均衡配置。

《流域多水源空间均衡配置研究》面向国家重大工程需求，以湟水流域为研究对象，开展了基于土地适宜性评价的"山水林田湖草"生态格局优化、基于分布式水文-水动力学-栖息地模型的河道内生态需水量、生态优先下多水源可供水量评价、湟水河谷多水源空间均衡配置等大量研究工作。研究提出的技术方法应用于引黄济宁工程论证，完成了可行性研究报告中工程规模论证和流域水资源配置方案，解决了引黄济宁工程关键科学技术问题。以王煜教授级高级工程师为首的黄河水利委员会水资源研究团队长期致力于黄河流域水资源的规划、配置、调度等方面的研究工作，这是团队取得的又一项创新成果。《流域多水源空间均衡配置研究》提出的一整套方法和技术贯彻了国家节水优先、生态优先、空间均衡等新理念、技术方法可用于相关流域水资源配置、调水工程规划论证等领域。该书可视其为实现科学调水的范例之一。

中国科学院院士　刘昌明

2020 年 2 月 12 日

前　　言

青海地处青藏高原腹地,是长江、黄河、澜沧江的发源地,被誉为"三江源"、"中华水塔",是我国最重要的水源涵养区之一,也是全国的生态安全屏障,生态地位重要而特殊。湟水流域西宁、海东地区是青海省政治经济文化中心,在"一带一路"倡议中具有承东继西、接南通北的重要作用。湟水流域也是青海省主体功能区中的两个允许开发区之一(另一个是柴达木盆地),是西部大开发战略的重要接续地。2016 年西宁市和海东市承载了全省 64%的人口,65%的 GDP 和 62%的耕地面积。随着《兰州—西宁城市群发展规划》落地实施,青海省将形成西宁、海东城市群集约高效开发、大区域整体有效保护的格局,未来该区域人口、经济等要素集聚效应还将进一步提升。湟水流域作为黄河的一级支流,在生态环境保护和区域经济发展方面具有重要的战略地位。

第一,从空间优化来看,《兰州—西宁城市群发展规划》基于维护国家生态安全战略支撑的角度,提出围绕支持青藏高原生态屏障建设和北方防沙带建设,引导人口向城市群适度集聚,建立稳固的生态建设服务基地;依托三江源、祁连山等生态安全屏障,构建以黄河上游生态保护带,湟水河、大通河和达坂山、拉脊山等生态廊道构成的生态安全格局,切实维护黄河上游生态安全。

第二,从城市群人口聚集来看,《兰州—西宁城市群发展规划》提出,要严格落实主体功能区战略和制度,依据资源环境承载能力和国土空间开发适应性评价,按照"大均衡、小集中",调整和优化空间结构,提高空间利用效率,通过强化空间功能分区管控,引导区域范围内人口稳定增长和适度集聚。

第三,从生态区位来看,该流域在《全国主体功能区规划》和《全国生态功能区划》中均属于水源涵养区。但是,气候变化和过去人类活动的负面干扰,改变了水循环和生态演变的自然节律,生态用地被挤占,生态需水过程不能得到满足,导致山地森林和草原生态系统破坏较为严重,生态系统质量相对较低。

第四,从经济区位来看,《兰州—西宁城市群发展规划》明确要求:"把兰州—西宁城市群培育发展成为支撑国土安全和生态安全格局、维护西北地区繁荣稳定的重要城市群。到 2035 年,兰西城市群协同发展格局基本形成,……,在全国区域协调发展战略格局中的地位更加巩固"。

第五,从作为沟通西北西南、连接欧亚大陆重要枢纽来看,《兰州—西宁城市群发展规划》提出，扩大向西开放，重点与中亚、中东及东欧国家开展能矿资源、高端装备制造、绿色食品加工等领域的合作；探索向北开放，加强与相关国家在农牧业、矿产资源等领域的合作；拓展向南开放，积极融入中巴、孟中印缅等经济走廊；深化向东开放，重点促进与东亚国家及我国港澳台地区在农业、旅游、环保、文体、生物资源开发等相关领域的合作交流。

本书对水资源管理领域中流域多水源均衡配置这个难点与热点问题，选择青海湟水流域作为研究对象，基于湟水流域的多水源、生态脆弱、人口聚集、经济发展迅猛等特点，针对湟水河谷地区存在的水资源供需矛盾尖锐、生态环境问题严重、抗御干旱能力弱、供水安全保障能力低等突出问题，通过研究湟水流域"山水林田湖草"生态格局、湟水干支流河道内适宜性生态需水量分析、节水优先下经济社会发展需水预测、生态优先下多水源可供水量评价，创建湟水河谷多水源空间均衡调控关键技术，提出湟水河谷多水源配置和工程空间布局方案。

本书共分8章，第1章绪论，重点介绍了湟水流域面临重大问题和研究意义，论述了研究内容的相关国内外研究进展，并阐明了研究目标与研究内容，确立了本书研究的技术路线。第2章研究区概况，从自然地理条件、经济社会概况、水资源现状、供用耗水量、现状用水效率分析、生态环境现状等方面，对湟水流域情势进行全面论述。第3章"山水林田湖草"生命共同体系统研究，从景观格局与生态质量两方面分析了湟水河谷生态演变过程，评价了湟水河谷土地适宜性，以研究区2017年下垫面条件为现状情景、以基于"山水林田湖草"生命共同体理念研究了湟水干流区域土地优化布局。第4章基于分布式水文-水动力-栖息地模型的河道内生态需水研究，通过构建湟水流域分布式水文-水动力-栖息地模型，综合分析了湟水干支流河道内流量、水位、流速和栖息地面积等生态特征值，创建了考虑敏感物种的不同适宜等级生态需水月过程评价方法，并结合敏感物种存在阶段的实际水位和流量，确定了湟水流域干流及支流关键断面的生态需水月过程和年生态需水总量；同时，计算了大通河河道内生态需水量。第5章节水优先下经济社会发展需水预测，基于"节水优先"理念预测了湟水河谷社会经济发展需水量。第6章生态优先下多水源可供水量评价技术，分析了生态优先下引大济湟工程最大可调水量、生态优先下当地地表水可供水量与生态优先下地下水及中水利用量。第7章湟水河谷多水源空间均衡配置研究，构建了多水源空间均衡配置模型，论述了模型求解思路与原则，阐明了模型求解流程和算法，确定了湟水河谷多水源配置优化方案，分析了方案的协调性与合理性。第8章结论和展望，总结了本书的研究成果，概述了本书研究的创新点，提出了湟水流域水资源管理未来主要研究内容与方向。

本书的研究工作得到了青海省引黄济宁工程可行性研究项目的大力支持。编写具体分工为前言由王煜、李福生、侯红雨、崔萌执笔；第1章由王煜、李福生、侯红雨、崔萌、赵焱执笔；第2章由赵焱、崔萌、刘柏君、侯保俭执笔；第3章由严登华、秦天玲、崔萌、刘柏君执笔；第4章由王煜、刘柏君、严登华、秦天玲执笔；第5章由李福生、侯红雨、赵焱、侯保俭执笔；第6章由侯红雨、李福生、赵焱、刘柏君执笔；第7章由王煜、李福生、侯红雨、赵焱、侯保俭执笔；第8章由王煜、崔萌、刘柏君执笔；全书由王煜、李福生统稿。

本书在研究和写作过程中，水利部水电水利规划设计总院、黄河水利委员会有关局办、中国国际工程咨询有限公司等单位组织了多次咨询和技术交流会议，与会专家对研究成果给予了悉心指导和帮助，在此表示衷心的感谢。新时期和变化环境下流域多水源空间均衡配置仍处于探索阶段，本书研究内容还需要不断充实完善。由于作者水平有限，书中难免存在疏漏之处，敬请专家读者批评指正。

作　者
2019年8月

目　　录

第1章 绪 论

　　水资源是自然资源的重要组成部分，是生命生存与发展的必需品，更是人类社会经济发展的重要支柱。随着气候变化与人类活动的不断加剧，流域水资源短缺成为限制区域生态文明建设和社会经济发展的主要瓶颈。众所周知，水资源有着其自身的阈值，并非取之不尽用之不竭，而生态也具有一定范围的承载力，并不能遭受肆意破坏。尤其是存在多个水源的流域，如何通过多水源空间均衡配置在水资源开发利用过程中既满足区域生态环境需水要求，又兼顾区域社会经济发展需要，这不仅符合生态优先的战略方针，更是区域社会-经济-生态-环境-水资源多维协调可持续发展的重要基础。流域的多水源空间均衡配置是近年来水资源管理领域中的难点与热点问题，是一个综合了运筹学、战略管理、信息技术以及各种专门知识的交叉学科，是针对区域水资源开发利用决策与生态调控保护的重要研究。

　　青海地处青藏高原腹地，是长江、黄河、澜沧江的发源地，被誉为"三江源""中华水塔"，生态地位极其特殊，是国家重要的生态屏障，在国家生态安全格局中占据重要地位。湟水流域是青海省的精华地带，是青海省主要的农业生产基地、人口和产业集聚区，农业灌溉发达，城镇化和工业化进程不断加快，在青海省的经济社会发展中期起到重要作用，是青海省经济社会发展最具活力的区域。湟水干流西宁和海东地区是全省政治、经济、交通、文化中心地区，以仅占全省 2.9%的土地面积，3.5%的水资源量，支撑了全省 58%的人口，集中了 57%的 GDP 和 54%的耕地面积。西宁海东城市群是国家《兰州—西宁城市群发展规划》的重要组成部分，未来该区域经济发展、城市化建设、生态环境保护在青海全省乃至整个西部地区均具有举足轻重的地位。同时，湟水流域是黄河流域湿地的集中分布区之一，具有重要水源涵养和生物多样性保护等功能。根据调查，湟水水系分布土著鱼类 17 种，其中，珍稀濒危鱼类 2 种，地方保护鱼类 6 种，主要分布于源头至西宁及民和至入黄口河段。此外，国家推进建设引大济湟和引黄济宁调水工程，为了缓解湟水流域水资源供需矛盾、加快西部大开发战略实施提供工程调控手段。这就导致湟水流域存在区域地表水、地下水、引大济湟调水、引黄济宁调水等多个水源，水资源配置情势尤为复杂。因此，选择青海湟水流域作为研究对象，对流域的多水源空间均衡配置开展全方位、立体化、深入性研究。

1.1 湟水流域面临重大问题

1.1.1 资源性缺水突出，未来面临重大水安全危机

湟水河谷深居内陆，远离海洋，气候干旱。研究区多年平均降水量 350mm。湟水河谷是青海省人口、经济最密集地区，是青海省政治、经济、交通和文化中心。区域人均占有水资源量 670m³，仅为全国人均占有量的 30%左右，耕地亩①均水资源量 537m³，约为全国平均水平的 37%，现状人均用水量 278m³，约为全国平均水平的 60%，属资源性严重缺水地区。

研究区现状各城市水源多为地下水，随着城市生活供水压力日益增加，局部地区出现地下水超采，部分水源地由于水质下降和过量开采出现供水紧张局面。湟水南岸生产生活用水大量挤占河流生态水量，造成河流纳污能力下降、水生态功能降低。青海省东部城市群是未来青海省最具发展活力的地区，城市化建设、产业发展和生态保护对水资源需求将继续刚性增长。根据水资源供需平衡分析，研究区 2030 年缺水量 4.63 亿 m³，缺水率 26.8%，2040 年缺水量 7.06 亿 m³，缺水率 34.1%。现有水资源保障能力远不能满足未来东部城市群建设、湟水南岸灌溉扶贫开发和生态修复等发展用水要求。综上所述，湟水河谷水资源贫乏，生产、生活、生态供需矛盾突出，现状及未来水安全形势严峻。

1.1.2 水资源配置保障能力低，难以支撑城市群供水安全

缺乏骨干水资源配置工程。现状年研究区地表水供水工程仍是数量众多的中小型蓄引提水工程，城市生活和生产供水主要依靠开采地下水，普遍存在供水保证率低、抗御干旱能力弱、供水安全保障能力低等问题。多数城市、工业园区水源单一，遇连续干旱年份或突发事件应急供水能力普遍不足。水资源利用效率低。研究区农业用水占总用水量的 57%，现状灌区配套不完善、管理水平低，灌溉水利用系数为 0.53，用水效率低于黄河流域及周边先进地区平均水平。研究区现状万元工业增加值用水量 23m³/万元，工业用水重复利用率 75%，城镇管网漏损率 16%～21%，整体水平仍然偏低，与周边先进地区水平比还有一定差距。地下水过度开采，再生水利用率低，水资源配置不合理。目前西宁、大通等工业园区用水主要靠自备水源解决，部分水源地由于水质下降和过量开采，现状条件下已出现供水紧张的局面。西宁市北川石家庄至桥头地下水集中开采区水位呈持续下降

---

① 1 亩≈666.7m²，全书同

趋势,水位下降速率1.0m/a。现状中水利用率不足7%,大量中水未有效利用,进一步加剧缺水形势和水环境治理压力。

综上所述,现状研究区水资源配置体系不合理,多数城市和工业园区过度依赖地下水,水源单一,保障有力的水资源配置格局尚未形成,不能满足西宁海东城市群长远发展用水安全。

1.1.3 流域生态环境脆弱,难以发挥国家生态屏障功能

湟水河谷地处西北黄土高原和青藏高原过渡带,区内气候干旱,地形多变,人类活动强烈,自然生态环境整体脆弱,人工生态系统建设水平较低。研究区现状林草覆盖率较低,生态系统退化、水土流失严重。部分湟水支流水资源开发过度,不少支流基本生态流量不能保障。湟水干流民和断面关键期(4~6月)多年平均关键期生态缺水量为1.05亿m³,导致水环境水生态承载能力减弱。湟水河谷城市段南北两岸分布20多条支沟,大部分支沟地表水开发利用率大于40%,部分人口集中的支沟地表水开发利用率大于70%,严重挤占支沟生态用水,致使支流水环境水生态功能下降甚至丧失。城市群水体缺乏,水体连通性差,与人民群众对美好环境的需求还存在较大差距。

1.2 研 究 意 义

2018年8月21日,李克强总理主持召开国务院西部地区开发领导小组会议,提出抓紧推进引黄济宁等四项重大引调水工程。9月7日,青海省成立了省引调水工程协调领导小组,严金海副省长担任组长,协调省内各有关厅局全力配合项目组开展工作。10月17日,刘宁省长专题听取"引黄济宁"工程情况汇报,强调:"引黄济宁工程是国务院西部地区开发领导小组第一次会议确定的项目,是国家支持我省的一项重大民生工程、生态工程,事关我省未来经济社会发展全局的战略性工程。对于推进西部地区协调发展、兰西城市群建设、生态环境保护、民族团结和地区稳定等都具有极其重要的战略意义。要深刻认识引黄济宁工程的重要意义,更加战略性、前瞻性、科学性地做好引黄济宁工程前期工作。"青海是国家重要生态安全屏障,每年向下游输送600亿m³左右的优质水,被誉为"中华水塔"。青海是国家级战略资源接续和储备基地,是稳藏固疆、经略西部的国家战略安全要地,也是河湟文化发祥地。随着国家西部开发战略深入推进,《兰西城市群发展规划》落地实施,西宁、海东地区将形成城市群集约高效开发、大区域整体有效保护的大格局,以西宁为中心的城市群将承载全省70%以上的人口,2040年地区经济总量将超万亿元,区域用水需求将快速增长,现有水资源配置体

系及供水保障能力不能支撑发展要求，2030 年、2040 年缺水量将达 4.63 亿 m^3、7.06 亿 m^3，迫切需要新建水资源保障工程。引黄济宁工程是国务院确定的西部地区重大引调水工程，是落实水利工程补短板、支撑国家兰西城市群发展、保障城市群供水安全的重大战略举措，是解决区域发展不平衡不充分、实施扶贫和改善民生的富民工程，也是构建湟水河谷"山水林田湖草"生命共同体、建设生态文明的生态工程。

引黄济宁工程设计调水规模 7.9 亿 m^3，是青海省战略性水资源配置工程，研究范围大，涉及面广，影响深远。在新发展理念背景下，工程前期立项论证涉及湟水河谷水资源高效利用与科学预测、"山水林田湖草"生态格局优化、生态环境保护、多水源空间均衡配置等重大关键技术问题。主要包括：①湟水河谷"山水林田湖草"生命共同体优化布局及规模确定，该问题需要识别湟水河谷生态演变规律和主要影响因子，以土地适宜性评价和生态建设目标为基础，多方案研究确定"山水林田湖草"布局和适宜规模；②兰西城市群等国家战略下湟水河谷水资源高效利用与发展需水预测研究，需系统评价湟水河谷高效节水模式，科学评判城市群发展现状与趋势，开展多情景多方案需水预测；③生态优先理念下引大济湟适宜调水量研究，引大济湟调水量影响引黄济宁调水规模，需研究识别大通河适宜生态保护目标，考虑纳子峡、石头峡、黑泉水库等水库群联合调蓄，科学论证引大济湟适宜调水量；④基于生态文明理念的湟水干支流生态环境需水量研究，需研究识别湟水干支流生态保护目标，建立分布式水文-水动力学-栖息地模型，研究确定湟水干支流河道内生态需水量；⑤生态优先下湟水河谷引黄-引大-湟水等多水源空间科学配置研究，该问题是确定引黄济宁工程调水规模的核心基础，需研究建立多目标配置模型，研究配置准则及求解方法，基于多方案分析评价，综合提出湟水河谷引黄-引大-湟水等多水源空间配置方案。上述问题是引黄济宁工程前期论证和项目立项中必须解决的重大科学技术问题。

因此，研究通过深化对湟水河谷生态演变规律的认知，构建流域"山水林田湖草"生态优化格局，创立基于分布式水文-水动力学-栖息地模型的河道内生态需水分析技术、生态优先下多水源可供水量评价技术与湟水河谷多水源空间均衡配置技术，从而促进流域多水源空间均衡配置理论的发展，以期为引黄济宁工程建设、多工程水资源优化配置、湟水流域生态安全保障提供重要的理论参考，为我国流域生态保护、节水、保障水安全等技术进步方面提供良好的推动作用。

1.3 研究目标与研究内容

1.3.1 研究目标

针对湟水河谷地区存在的水资源供需矛盾尖锐、生态环境问题严重、抗御干旱能力弱、供水安全保障能力低等突出问题,通过研究湟水流域"山水林田湖草"生态格局、湟水干支流河道内适宜性生态需水量分析、节水优先下经济社会发展需水预测、生态优先下多水源可供水量评价,创建湟水河谷多水源空间均衡调控关键技术,提出湟水河谷多水源配置和工程空间布局方案,支撑引黄济宁调水等国家重大工程分析论证,提出支撑湟水河谷未来 30 年经济社会发展和生态环境良性维持的科学对策。

湟水河谷典型特征是水资源供需矛盾尖锐、生态环境问题突出,用水需求不断增长导致供需严重失衡,现状年研究区主体水源仍是数量众多的中小型蓄引提水工程,普遍存在供水保证率低、抗御干旱能力弱、供水安全保障能力低等问题。并且,现状研究区水资源配置不尽合理,为满足西宁等城市和工业用水,存在高水低用、地下水局部过度开采等问题,尤其部分工业园区或企业生产仍依靠大量开采使用地下水,不符合水资源管理和环保要求。同时,流域内尚缺乏互联互通、丰枯互济的水资源配置网络,多数城市、工业园区水源单一,供水安全性和应急备用能力较低,不能满足东部城市群持续发展的需要。为解决湟水河谷缺水问题,迫切需要研究论证新的调水工程——引黄济宁工程。需要研究:湟水河谷水资源配置如何支撑湟水河谷经济社会发展与"山水林田湖草"生命共同体?如何优化引黄济宁工程与引大济湟工程的配置关系?如何优选引黄济宁工程规模,等等。本书在研究湟水干支流河道内适宜性生态需水量分析、节水优先下经济社会发展需水预测、生态优先下多水源可供水量评价等基础上,创建湟水河谷多水源空间均衡配置关键技术,回答湟水本地水、引大济湟、引黄济宁等三个水源的空间配置与优化组合以及引黄济宁工程经济合理规模等问题。

1.3.2 主要研究内容

(1) 湟水河谷"山水林田湖草"生命共同体生态优化布局

湟水干流北依大坂山,与支流大通河相隔,南靠拉脊山,同黄河干流分水,主要为山地丘陵地形,区域内地形多变,有高山、中山、黄土覆盖的低山丘陵和河谷盆地,水土流失严重,生态治理任务艰巨。湟水谷地是青海省的精华地区,以西宁与兰州为核心的兰西城市群是维护国家生态安全的战略支撑,该区域汉唐时期就已经是连接新疆和西藏的必经要道，是丝绸之路和唐蕃古道的交汇点，是黄河流域四大传统文化中河湟文化的重要区域之一，湟水干流河谷的生态建设和社会经济文化发展是青海省乃至大西北地区的基础战略支撑。湟水河谷生态问题脆弱，流域内大南川、小南川、沙塘川等部分支流水资源开发过度，生态环境用水遭到不同程度挤占，区域水资源、经济社会发展和生态环境间关系难以协调，迫切需要用"山水林田湖草"生命共同体的理念指导区域社会经济发展。如何优化湟水河谷"山水林田湖草"空间布局？需要识别湟水河谷生态演变规律并评价流域土地适宜性；结合国家、地方有关政策规划，解析生态优化布局目标；通过多方案比较提出符合"山水林田湖草"生命共同体的生态优化布局。

（2）基于分布式水文-水动力学-栖息地模型的河道内生态需水核算

构建湟水河谷基于 WEP-DL 的分布式生态水文模型，识别河道内关键断面的径流过程和坡面生态系统的耗水过程；分别构建湟水河谷 MIKE21 模型和 PHASIM 模型，将 WEP-DL 模型与水动力学模型及栖息地模型进行耦合，完成分布式水文-水动力学-栖息地模型构建，模拟区域各子流域的径流过程、水位及栖息地面积的变化，识别径流过程对水位的影响、径流-水位对栖息地的影响；明晰坡面和河道生态系统中各评价单元的"存量"和"通量"生态需水参数，识别河道内关键断面的径流过程和坡面生态系统的耗水过程；分析不同适宜等级优化布局方案下的水文响应，结合野外调研、已有水生生态勘测成果和相关文献资料，确定敏感生态物种，及其不同适宜等级的流量、流速和水位需求；构建考虑敏感物种的不同适宜等级生态需水月过程评价方法，即分别核算不同适宜等级的生态基流和敏感生态需水月过程，取二者的最大值，作为该河段的生态需水量。此外，对湟水典型支沟河道水资源及生态情势进行分析；采用 Tennant 方法计算大通河适宜生态需水量。

（3）生态优先下多水源可供水量评价

基于湟水支流生态需水量计算结果，解析支流受挤占生态需水量。对生态优先下引大济湟工程可调水量、基于相关批复文件引大济湟工程可调水量、考虑满足大通河适宜生态需水情况下工程可调水量及不同调水情景下大通河生态负效应进行分析。研究生态优先背景下置换挤占支流生态用水量的分析技术，评估生态优先下湟水支流可供水量。提出实现湟水流域采补平衡的地下水利用策略，研究生态优先下湟水流域中水利用模式，分析生态优先下地下水和中水利用量。评估调水断面可调水量，从对黄河流域水资源配置的影响、对梯级发电的影响、对重要断面水量的影响等方面分析引黄济宁工程的调水影响，分析不同调水规模经济效益、水指标协调情况，研究引黄济宁工程合理的可供水量。研究多水源作用下的流域水资源供需形式，构建湟水河谷多水源可供水量方案集。

（4）湟水河谷多水源空间均衡配置

通过分析湟水河谷社会经济发展、生态保护等目标要求，构建包含经济社会缺水量最小、多水源调水生态效益最大、调水经济效益最大的多目标水资源配置均衡模型。采用分级优化算法对配置模型进行求解，根据生态优先原则优先考虑大通河调水生态效益最大目标，其次根据经济社会效益目标的优化，提出引黄济宁工程的调水规模方案集，分析引黄济宁不同调水量的经济效益，提出引黄济宁工程合理的调水规模。对水资源配置模型的应用情况进行分析总结，主要从配置模型在浅山规划、河湟规划、引黄济宁工程可行性研究项目的应用中分析配置模型技术的科学性与适用性。

1.4 研究技术路线

（1）问题剖析

对湟水河谷自然地理条件、经济社会概况、水资源现状、生态环境现状等四方面进行详细且全面的论述与分析；基于此，提出并揭示湟水河谷水资源面临的重大问题。梳理流域自然地理和经济发展现状，识别生态演变规律，分析生态保护与经济发展的区位目标特征，剖析主要生态环境问题。

（2）野外观测

野外观测是全面获取研究区内的水资源、生态、经济社会发展、气候变化情势，构建数值模拟模型、分析模型参数合理性、检验模型可靠性的关键（图1.1）。为此，基于"山水林田湖草"生命共同体的理念，分别针对坡面主要土壤、地表覆盖、水系分布和典型物种生境开展了野外踏勘工作，共检测坡面土样和河湖（库）水样148个，获取了土壤理化生和水环境的第一手观测数据；结合已有气象水文实测数据、地形地貌和植被等遥感反演资料，形成湟水河谷的大气-地表-土壤-地下一体化观测数据库，直接支撑分布式水文-水动力-栖息地模型的输入数据整备和参数化方案确定，也是生态需水评价和多水源空间均衡配置的重要数据来源。

（3）技术创建

以"山水林田湖草"生命共同体的理念，结合土地适宜性评价及区域发展规划，构建土地利用适宜性评价体系，从土壤、水资源、气候、地貌、海拔等因子开展土地适宜性评价，提出其发展目标、分布及规模，建立"山水林田湖草"生态格局优化技术。

基于水循环、水动力学、栖息地生态理论，通过湟水流域干支流生态与水资源问题解析、河道生态需水要求，结合湟水流域"山水林田湖草"生态优化格局，建立基于分布式水文-水动力学-栖息地模型的河道内生态需水分析技术。

研究基于相关批复文件引大济湟工程可调水量、考虑满足大通河适宜生态需水情况下工程可调水量，分析不同调水情景下大通河生态负效应；探究生态优先下湟水支流可供水量、生态优先下地下水和中水利用量；基于调水断面可调水量分析、引黄济宁工程调水影响、不同调水规模经济效益分析、水指标协调情况分析，建立生态优先下多水源可供水量评价技术。

图 1.1　野外观测图

通过分析湟水河谷社会经济发展、生态保护等目标要求，提出包含经济社会缺水量最小、多水源调水生态效益最大、调水经济效益最大三个多水源均衡配置优化目标，建立湟水河谷多水源空间均衡配置技术。

（4）模型研发

受气候干旱、降水稀少和人类活动影响，湟水河谷地区呈现自然生态环境整体脆弱，人工生态系统建设水平较低，经济社会系统发展水安全保障不足等问题，区域"山水林田湖草"生命共同体系统建设面临诸多困难。协调湟水流域自然生态系统、人工生态系统和社会经济系统的关系，优化湟水河谷经济社会生态安全格局是项目研究的重要内容之一。采集湟水河谷 1980～2017 年间湟水流域土地利用类型数据，采用空间分布对比、相关分析、数据挖掘等技术，对比解析不同时期区域景观格局的演变规律；以植被覆盖度和净初级生产力为因子，对湟水河谷即民和以上湟水流域开展生态质量的历史演变识别。通过综合考虑 DEM、降水、气温、土壤、灌溉条件、坡度和糙度等因素建立"山水林田湖草"生态格局优化模型。

为了提高流域水源涵养能力，防治水土流失，维持物种多样性，平衡生态保护与城市群快速发展之间的关系，需开展湟水干支流生态需水核算工作。流域降雨与汇流是河道内产流的基础，河道内水量是生态健康的重要指标之一，模拟河道内径流响应，分析河道内水动力特征，模拟并解析河道内栖息地变化过程，是揭示河道生态演变驱动机制的重要方法。在空间上包含坡面和河道两个层面，坡面系统包含农田、森林、草地和城市等，河道包含河道、滨河湿地和河口等；在时间维度上，考虑现状年和未来水平年，分别以 2017 年下垫面条件为现状情景、以结合"山水林田湖草"生命共同体理念的区域优化布局（图 1.2）构建基于水文-水动力-栖息地的河道内生态需水计算模型。

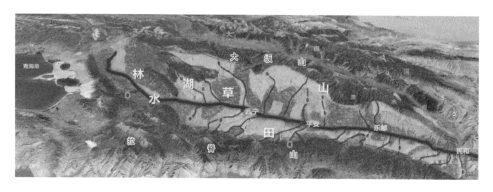

图 1.2　"山水林田湖草"优化布局图

通过"山水林田湖草"生态格局优化模型、基于水文-水动力-栖息地的生态需水计算模型、生态优先下多水源可供水量评价技术，结合湟水河谷社会经济发展、生态保护等目标要求，构建包含经济社会缺水量最小、多水源配水生态效益最大、调水经济效益最大的多目标水资源配置均衡模型。

（5）方案优化

通过多目标水资源配置均衡模型优化求解，提出引黄济宁工程的调水规模方案集，分析引黄济宁不同调水量的经济效益，提出引黄济宁工程合理的调水规模。

第2章 研究区概况

2.1 自然地理条件

2.1.1 地形地貌

湟水河谷位于北纬 36°02′～37°28′，东经 100°42′～103°01′之间；北依大坂山，与其支流大通河相隔，南靠拉脊山，同黄河干流分水，西依日月山、大通山、托勒山与青海湖流域毗邻，东部与大通河接壤。湟水河谷主要为祁连山系的西北—东南走向的山地丘陵地形，属西北黄土高原过渡带，流域西宽东窄，地势西北高、东南低，地形最高处高程达 4898.3m，最低处为入黄河口处的谷地，高程为 1650m 左右，相对高差达 3250m。区域内地形多变，有高山、中山、黄土覆盖的低山丘陵和河谷盆地，古老基地局部隆起形成峡谷，分隔了中生代断陷盆地，各盆地呈串珠展布。

依据地形、气候、土壤、植被及农业生产的特点，习惯上将流域划分为脑山、浅山、川水地等地区。脑山地区的地势相对较高（海拔 2700m 以上），土壤多为黑褐色，土地肥沃，植被良好，牧草茂盛，分布有森林和灌丛，地势平坦的沟底、谷地、山梁等地，是湟水干流地区主要的畜牧业基地；浅山区（海拔为 2200～2700m 的丘陵和低山地区）地面植被稀疏，荒山秃岭、地势破碎，南北两岸支沟发育，地形切割破碎，支沟之间多为黄土墚或石质山梁，沟道短、坡度大，横断面呈"V"字形，多悬谷、滑坡、崩塌等，水土流失严重，区域内山梁平地较少，多为坡地；干流自上而下峡盆相间，有青海的海晏、湟源、西宁、平安、乐都、民和及甘肃的海石湾、车家湾、白川花庄和平安等盆地，海拔为 1920～2400m，有宽阔的河谷阶地，水热条件较好，耕地肥沃，农业生产历史悠久，当地称为川水地区，是流域内主要农业生产基地。

根据地形地貌特征，湟水干流分为上、中、下游三段。西宁以上为上游，河段长约 174km，流域面积 9022km^2，落差 1976m，平均比降 11.4‰；西宁至民和为中游，河段长约 131km，落差 504m，河道平均比降为 3.8‰。上中游河段自上而下流经巴燕峡、湟源峡、小峡、大峡和老鸦峡，其中老鸦峡最长，为 17km，迁回曲折，两岸陡峭，谷窄而深，其他峡谷一般长 5～6km。

民和以下为下游，河段长约 69km，落差 155m，河道平均比降 2.3‰，地形起伏较大，两岸山体高耸挺拔，沟壑纵横，谷地开阔，为葫芦状川谷盆地，两岸发育有不对称的Ⅰ～Ⅴ级侵蚀堆积阶地，各阶地宽 30～300m。

2.1.2 河流水系

湟水干流两岸支沟发育，水系呈树枝状分布，共有大小支沟 78 条，其中流域面积大于 $100km^2$ 的有 31 条，北岸主要有哈利涧河、西纳川、云谷川、北川河、沙塘川、哈拉直沟、红崖子沟和引胜沟等，南岸主要有药水河、南川河、小南川、岗子沟、巴州沟和隆治沟等。最大支流为北川河，发源于海晏县北部大通山主峰（海拔 4487m 处），纳左岸东峡河后，出大通县城南流约 35km，于西宁市区注入湟水，流域面积 $3371km^2$，多年平均水资源量 6.31 亿 m^3。引大济湟调水总干渠出水口位于北川河上游宝库河上。

2.1.3 气候特征

湟水流域地处西北内陆，远离海洋，属高原干旱、半干旱大陆性气候，流域气候特征为高寒、干旱，日照时间长，太阳辐射强，昼夜温差大，冬夏温差小，气候地理分布差异大，垂直变化明显。

湟水流域水汽主要来源于印度洋孟加拉湾上空的西南暖湿气流和太平洋的东南季风，1956～2000 年多年平均降水量 489.5mm，折合降水总量 160.9 亿 m^3。其中，湟水干流多年平均降水量为 485.6mm。降水量分布由河谷向两侧山区递增，河谷地区降水一般在 300～400mm，山区则达到 500～600mm。降水量的年内分配极不均匀，5～9 月份降水量最多，占全年降水量的 84.2%。流域降水量年际变化相对较小，最大与最小年降水量的比值在 1.8～5.3 之间，大多数雨量站在 3 倍以下。

湟水流域水面蒸发量在地区上的变化与降水量相反，随海拔的升高而降低，河谷地区多年平均水面蒸发量在 900mm 以上，而山区则在 700mm 左右。

根据流域内各气象站资料统计，湟水干流内平均温度为 2.1～8.1℃，其中川水地区多年平均气温 3.3～8.1℃，是流域内最暖地区；浅山和河谷地区年平均气温 2.1～3.2℃，属冬寒夏凉的半干旱和干旱气候区。

流域多年平均日照时数 2486～2742 小时，平均风速为 1.4～2.1m/s。多年平均无霜期为 48～184 天，自下游至上游递减，自川水向浅山区、脑山区依次递减。

流域内各重要站多年平均气候特征见表 2.1。

表 2.1　湟水干流重要站多年平均气候特征值

项目	川水气候特征值				山地气候特征值		
	大通	西宁	乐都	民和	互助	湟源	湟中
平均气温/℃	3.3	5.8	7.2	8.1	2.1	3.2	3.2
降水量/mm	518.8	384.8	332.3	349.9	530.1	416.2	535.6
最大降水量/mm	695.1	541.2	562.9	573.2	790.6	614.4	801.9
最小降水量/mm	330.2	196.2	165.7	198.6	363.1	252.5	350.8
年蒸发量/mm	799.0	1061.4	1086.3	1068.3	799.1	868.2	836.7
干旱指数	1.5	2.8	3.3	3.1	1.5	2.1	1.6
日照时数/小时	2567.5	2692.3	2741.6	2547.9	2555.5	2665.5	2571.0
平均风速/（m/s）	2.0	1.8	2.1	1.9	1.6	1.9	2.0

2.1.4　土壤植被

受地形、海拔、气候、成土母质的综合影响，湟水流域内的土壤类型差异比较明显。流域的成土母质主要为古近纪和新近纪红土和第四纪黄土，在复杂的地形及独特高原气候条件影响下，土壤发育程度低，分布呈明显区域性和垂直分异性的特点。河谷川水地区土壤由冲洪积次生黄土和红土组成，以灌溉型栗钙土为主，土壤肥沃；浅山地区多为红黄灰栗钙土，干旱缺水，水土流失严重，土壤贫瘠，有机质含量约为 1%；脑山地区耕作土壤主要以暗栗钙土、黑钙土及山地草甸土为主，土体较厚，结构较好，有机质含量在 2%以上，土壤比较肥沃，但土性较凉。

湟水流域土壤共 7 个土纲，12 个亚纲，14 个土类，29 个亚类。从土类来说，栗钙土分布最广，约占土壤总面积的 27.3%，黑毡土次之，约占土壤总面积的 20.5%，再次为石灰性黑钙土和黑钙土，约占土壤总面积的 9.6%和 6.17%，其他的土壤占 36.4%，主要有薄黑毡土、淡栗钙土、棕黑毡土、淋溶黑钙土、灰钙土等（图 2.1）。

湟水流域受地理位置、气候特征、地形地貌及土壤状况等的综合影响，具有复杂多变的生境类型，其主要植被类型及群落特征受到黄土高原和青藏高原交错区植被的明显影响。流域内植被随地形、海拔、气候、成土母岩的综合影响而有比较明显的差异。除已开发耕地外，多为荒山秃岭，植被以草原或荒漠化草原为主。流域主要植被类型有森林、灌丛、草原和草甸等。湟水流域植被类型分布及占比如图 2.2 所示。

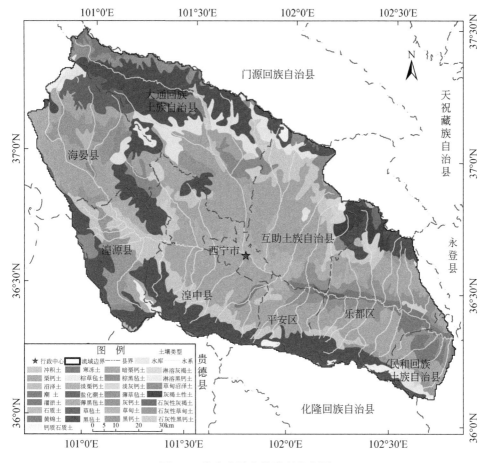

图 2.1　湟水流域土壤类型分布图

2.2　经济社会概况

2.2.1　人口及分布

引黄济宁工程研究区主要涉及西宁市的湟源县、湟中县、西宁市区、大通回族土族自治县（以下简称"大通县"）以及海东市的平安区、互助土族自治县（以下简称"互助县"）、乐都区、民和回族土族自治县（以下简称"民和县"）等 8个县（区）。截至 2016 年年底，项目研究区西宁和海东市总人口 332.6 万人，其中城镇人口 186.4 万人，城市化率 56.1%。各县（区）人口分布如表 2.2 所示。

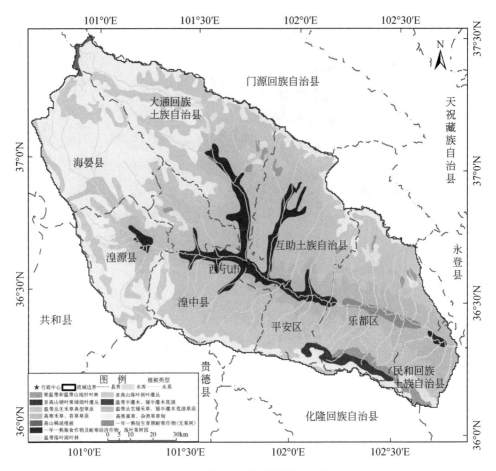

图 2.2 湟水主要植被类型分布图

表 2.2 项目研究区 2016 年社会经济主要指标

分区		人口/万人			国内生产总值/亿元				耕地面积/万亩	灌溉面积/万亩	
		总人口	城镇	农村	一产	二产	三产	合计		农田	林草
西宁市	市区	128.9	112.3	16.6	2.7	403.1	560.9	966.7	8.9	5.2	11.7
	湟源县	13.6	2.9	10.7	5.0	11.2	9.4	25.5	31.7	13.8	3.8
	湟中县	47.8	21.7	26.1	14.3	119.6	21.1	154.9	84.7	19.8	3.5
	大通县	44.8	19.6	25.2	15.5	61.9	21.9	99.3	67.8	15.5	2.9
	小计	235.1	156.5	78.6	37.5	595.8	613.3	1246.4	193.1	54.3	21.9
海东市	平安区	11.0	5.5	5.5	4.2	34.5	29.5	68.2	30.5	6.6	4.5
	乐都区	27.2	9.7	17.4	11.8	38.9	34.6	85.3	42.7	17.8	1.1

续表

分区		人口/万人			国内生产总值/亿元				耕地面积/万亩	灌溉面积/万亩	
		总人口	城镇	农村	一产	二产	三产	合计		农田	林草
海东市	互助县	36.9	6.5	30.5	18.4	49.0	40.1	107.4	90.2	22.5	1.6
	民和县	22.4	8.2	14.1	5.3	39.4	23.0	67.7	39.1	8.6	2.9
	小计	97.5	29.9	67.5	39.7	161.8	127.2	328.6	202.5	55.5	10.1
合计		332.6	186.4	146.1	77.2	757.6	740.5	1575.0	395.6	109.8	32.0

2.2.2 经济社会发展现状

（1）农业生产

2016 年研究区西宁和海东市第一产业增加值为 77.2 亿元，耕地总面积 395.6 万亩，农作物播种面积 372.8 万亩，人均耕地面积 1.2 亩。粮食作物主要有小麦、洋芋、青稞、玉米等，经济作物主要为豆类、油菜、蔬菜等。

目前项目研究区西宁和海东市农田有效灌溉面积 109.8 万亩，灌溉率 27.7%；林草灌溉面积 32.0 万亩；农田实灌面积 100.91 万亩。项目研究区各县（区）的耕地面积、农田灌溉面积以及林草灌溉面积如表 2.2 所示。

（2）工业生产

项目研究区西宁和海东市工业门类主要有钢铁、机械、建材、化工、毛纺、食品加工等。2016 年二产增加值（工业和建筑业）为 757.6 亿元，占研究区国内生产总值的 48.1%，其中工业增加值 585.6 亿元。

区域内已建和在建的工业园区主要有西宁经济技术开发区下辖的甘河工业园区、南川工业园区、高新技术产业园区、东川工业园区、大通北川工业园区、湟源大华工业园区、海东市的临空经济园区、乐都工业园区、民和工业园区、互助绿色产业园等 10 个。

甘河工业园区围绕国家循环经济发展示范园区建设，大力发展绿色、低碳、循环产业，优化发展有色（黑色）金属精深加工、特色化工两个主导产业，积极培育生产性服务业和配套产业，努力将园区建设成为资源节约型、环境友好型新型工业园区；南川工业园区围绕青海千亿级锂电产业基地和"藏毯之都"建设，大力发展锂电产业，优化发展藏毯绒纺产业，培育发展光电信息产业，积极发展现代服务业，努力将园区建设成为锂资源精深加工和藏毯绒纺加工基地；高新技术产业园区围绕国家级高新技术开发区建设，以创新驱动发展为主线，大力发展高原生物健康产业，壮大装备制造业，积极发展现代服务业，加快推进高新区建设发展，努力将园区建设成为青海省高新技术产业集聚区；东川工业园区围绕国家级光伏产业基地和新材料产业基地建设，提高产业层级、优化产业结构、提升空间绩效，重点发展硅材料光伏制造和新材料两个主导产业，大力发展现代服务业；大通县北川工业园区依托中铝青海分公司、青海桥头铝电公司等龙头企业，努力将园区建设成以有色金属精深加工、新型建材、装备制造、农副产品深加工和现代服务业为主导的工业新城；湟源县大华工业园区重点发展新能源、新材料、轻工产品加工业、种植和养殖结合的现代农业及生态农产品加工业，建成以绿色加工业和休闲旅游业为特色的绿色产业园区；临空经济园区重点布局建设信息产业、节能环保产业、新能源产业、新材料产业、汽车零部件为主的高新技术产业和国际物流、商贸、保税及空港产业，建成兰西经济区高新技术产业基地，青藏高原东部国际物流商贸中心；乐都工业园区重点发展大型铸锻件、特种玻璃、镁基合金等产业，将园区打造成为我国西部地区高端装备制造、PVC 下游加工、镁基合金等产业基地；民和工业园区以现有工业为基础，以有色金属深加工、热电产业和高载能产业为主，延长铁合金、电石产业链、产品链，使之成为发展有色金属深加工产业与能源工业，实现产业升级和循环经济的平台；互助县绿色产业园重点发展以青稞酒酿造、农畜产品精深加工和民族旅游工艺品、生物医药为主导的绿色产业集群，建成具有区域影响力和高原特色的现代化绿色产业园区。目前，各园区已建设了一批符合国家产业政策和产业发展定位的骨干项目，特色主导产业已显雏形，初步形成了各具特色、关联配套、资源共享、竞相发展的良好格局。

（3）第三产业

2016 年项目研究区西宁和海东市第三产业增加值为 740.5 亿元，占区域内国内生产总值的 47.0%。近年来，区域内第三产业发展迅速，特别是交通运输、旅游以及服务业等发展较快，成为推动第三产业快速发展的重要组成部分。区域内铁路有兰青线、青藏线，北有西宁至大通的铁路专线。公路运输初步形成了以西宁为中心、呈辐射形状的公路交通网，主要公路有青藏公路、宁张公路、青新公路、平临公路、民临公路、宁互公路等。民航开通的航线已有十多条，交通运输便利。

2.3　水资源现状

2.3.1　水资源量

湟水流域目前已基本形成较为完整的水文站网，分布在湟水干流及重要支流上，其中干流站 5 处，支流站 10 处。湟水干流西宁、民和及大通河尕大滩等典型水文站基本情况如表 2.3 所示。

表 2.3　湟水流域典型水文站基本情况

水系	站名	地点	集水面积/km²	实测资料系列	实测平均年径流量/亿 m³	管理部门
湟水干流	西宁	西宁市北门外	9022	1956 年 1 月～2016 年 12 月	5.81	青海水文局
	民和	民和县山城村	15350	1956 年 1 月～2016 年 12 月	15.82	黄委水文局
大通河	尕大滩	门源县尕大滩村	7893	1956 年 1 月～2016 年 12 月	15.98	青海水文局

根据 1956～2000 年系列水资源调查评价,湟水流域多年平均地表水资源量为 50.57 亿 m³,其中湟水干流为 21.62 亿 m³,占 43%。民和站 20%、50%、75%、95%保证率年份地表水径流量分别为 24.47 亿 m³、20.33 亿 m³、17.53 亿 m³ 和 14.24 亿 m³。湟水流域径流量的年内分配不均匀,湟水干流上游径流集中在 5～9 月,湟水干流中下游集中在 6～10 月,占全年水量的 57.9%～73.6%。最大径流量多出现在 8 月,占全年径流量的 14.2%～18.9%;冬季径流量最小,最小月径流量多出现在 1 月,仅占全年径流量的 1.9%～4.3%。地表径流年际变化较大,不同测站最大年径流与最小年径流之比为 2.42～4.32,上游降水量大,植被覆盖度高,水源涵养能力强,年际变化小,西宁以下各支流,黄土分布面积较广,植被比较稀疏,自然涵蓄能力相对较弱,径流的年际变化相对较大。

根据湟水流域的地形地貌特征,地下水资源划分为山丘区和平原区两类。经计算,湟水流域地下水资源量为 23.64 亿 m³,其中平原区地下水资源量为 3.30 亿 m³,山丘区地下水资源量为 21.36 亿 m³,山丘区与平原区之间的重复量为 1.02 亿 m³。湟水干流地下水资源量为 11.88 亿 m³,其中平原区地下水资源量 3.30 亿 m³,山丘区地下水资源量为 9.59 亿 m³,山丘区与平原区之间的重复量为 1.02 亿 m³。

湟水流域多年平均水资源总量为 51.69 亿 m³,其中地表水资源量为 50.57 亿 m³,地下水资源量为 23.64 亿 m³,地表水与地下水之间不重复量为 1.11 亿 m³。湟水干流水资源总量为 22.74 亿 m³,其中地表水资源量 21.62 亿 m³,地下水资源量 11.88 亿 m³,地下水与地表水之间不重复量 1.11 亿 m³(表 2.4)。

表 2.4　湟水干流多年平均水资源量成果表

分区	水资源量/亿 m³				产水系数	水资源模数/(万 m³/km²)
	地表水资源量	地下水资源量	地表水与地下水间不重复量	水资源总量		
河源至石崖庄	3.05	1.66	0.07	3.11	0.22	10.14
石崖庄至小峡北岸	2.22	1.41	0.37	2.59	0.32	17.31

续表

分区	水资源量/亿 m³				产水系数	水资源模数/（万 m³/km²）
	地表水资源量	地下水资源量	地表水与地下水间不重复量	水资源总量		
石崖庄至小峡南岸	1.41	1.36	0.38	1.8	0.26	13.31
北川河	6.31	3.46	0.14	6.45	0.34	19.67
小峡至民和北岸	4.65	2.66	0.09	4.75	0.28	13.2
小峡至民和南岸	2.89	1.07	0	2.89	0.25	11.3
民和至入黄口	1.09	0.26	0.06	1.15	0.12	4.83
小计	21.62	11.88	1.11	22.74	0.26	12.82

2.3.2　水资源质量

湟水流域地表水水化学类型多为 CⅡCa 型、CⅢCa 型，呈微碱性，地表水矿化度、总硬度自上游向中下游呈增大趋势，上游矿化度一般在 300mg/L 左右，到河口增至 700mg/L 左右。

根据历年《青海省水资源公报》、青海省环境监测中心站、西宁市水务局对湟水相关断面的监测资料显示，现状湟水干流河源至扎麻隆、湟水支流拉拉河、西纳川、甘河沟的大石门水库（出口）、云谷川、药水河、南川的大南川水库（出口）至老幼堡、北川河、祁家川、白沈家沟、红崖子沟、上水磨沟、沙塘川的南门峡水库（出口）至互助八一桥、引胜沟、松树沟、黑林河、东峡河、巴州沟等河段水质符合或优于Ⅲ类水质标准；湟水干流新宁桥至民和 224km 河段水质为 V 类或劣 V 类，甘河沟下游 30.8km 河段水质为劣 V 类，大南川六一桥至南川河口 15.7km 河段水质为Ⅳ类，海子沟 19km 河段水质为劣 V 类，康成川 26km 河段水质为劣 V 类，主要污染物为氨氮、COD、BOD_5。

西宁市多具有较宽阔的河谷平原，并有较厚的松散砂砾石层分布，地下水主要受补于河水，处于强烈循环、积极交替的水化学带，大多数为溶滤成因的重碳酸盐型水，水化学类型多以 HCO_3—Ca 型或 HCO_3—Ca·Mg 型水为主，矿化度为 0.2～1.8g/L。由于补给区和径流区岩性的差异，部分河谷段出现总硬度、氯化物增高的现象，如西宁及靠近西宁边缘的沙塘川等盆地，由中生代、新生代红层构成，盆地红层中有多层石膏、芒硝等易溶盐类，该地带地下水化学特征主要受岩性和补给径流条件的制约，导致了地下水化学特征的差异性和复杂性，出现矿化度大于 1g/L，个别地区大于 2g/L 的微咸水。根据《湟水流域综合规划》《湟水九县市水资源评价及优化配置》成果，湟水干流地下水水质为Ⅲ类。

2.3.3　水资源开发利用现状

青海省湟水干流区域主要涉及西宁市的湟源、大通、湟中和西宁市区，海东市的互助、平安、乐都、民和，以及海北州的海晏县；海晏县为农牧区，水资源配置主要用当地水，湟水干流研究区主要为西宁和海东市 8 县（区）。

截至目前，湟水干流修建了大批水利工程，包括大型水库 1 座，中型水库 3 座，小型水库 92 座；引水、提水工程 580 处，机井 0.42 万眼，塘坝和水窖工程 2.8 万座（处），如表 2.5 所示。

表 2.5　湟水干流研究区现状供水工程

分区		地表水供水工程								机井数量/眼
		水库			塘坝水窖		引水工程		提水工程		
		数量/座	总库容/万 m³	兴利库容/万 m³	数量/座	兴利库容/万 m³	数量/处	引水流量/（m³/s）	数量/处	提水流量/（m³/s）	
西宁市	市区	1	51	37	173	78	3	94	0	0	101
	湟源县	0	0	0	1	5	21	10	0	0	370
	湟中县	25	6256	5397	75	94	67	29.9	13	0.3	254
	大通县	7	18693	13648	7	27	27	69	10	0.7	191
	小计	33	25000	19082	256	204	118	202.9	23	1	916
海东市	平安区	6	840	747	105	18	13	95	25	2.5	20
	乐都区	8	1973	1638	9570	39	50	123	57	3.6	3049
	互助县	46	5098	4136	15411	91	75	629.3	44	2.5	53
	民和县	3	304	254	3358	88	107	24	69	6.5	145
	小计	63	8215	6775	28444	236	245	871.3	195	15.1	3267
合计		96	33215	25857	28700	440	363	1074.2	218	16.1	4183

（1）蓄水工程

根据调查统计，研究区内现状已建成大型水库一座，为黑泉水库，总库容 1.82 亿 m³，兴利库容 1.32 亿 m³；3 座中型水库分别为盘道水库、大南川水库、南门峡水库，中型水库总库容约 0.51 亿 m³，兴利库容 0.48 亿 m³。已建成的 92 座小型水库总库容约 0.99 亿 m³，兴利库容约 0.79 亿 m³；按行政区分，西宁市建成小型水库 30 座，总库容约 0.35 亿 m³，兴利库容约 0.29 亿 m³；海东市建成小型水库 62 座，总库容约 0.64 亿 m³，兴利库容约 0.5 亿 m³，水库分布如图 2.3 所示，小 I 型以上蓄水工程调查统计如表 2.6 所示。

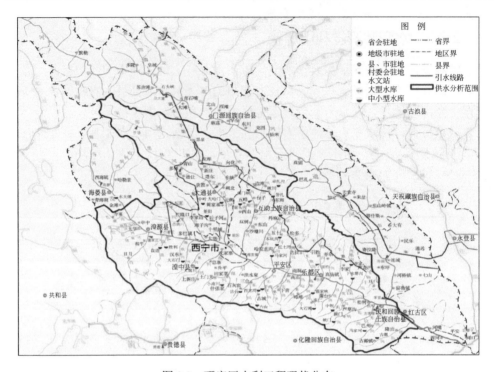

图 2.3 研究区水利工程现状分布

表 2.6 湟水干流研究区现状蓄水工程

位置分布	所属区县	所在河流	水库名称	水库类型	乡镇	总库容/万 m³	兴利库容/万 m³
湟水干流北岸	湟中县	云谷川	云谷川水库	小（Ⅰ）型	李家山镇	765	517
	大通县	北川河	黑泉水库	大型	宝库乡	18200	13200
			大哈门水库	小（Ⅰ）型	黄家寨镇	107	92.81
		景阳河	景阳水库	小（Ⅰ）型	景阳镇	197	190
			中岭水库	小（Ⅰ）型		120	102
	互助县	柏木峡河	卓扎沟水库	小（Ⅰ）型	威远镇	180	150
		哈拉直沟	乔及沟水库	小（Ⅰ）型	丹麻镇	165	155
		红崖子沟	本坑沟水库	小（Ⅰ）型	五十镇	320	304
			红土湾水库	小（Ⅰ）型	红崖子沟乡	160	130
			马家河水库	小（Ⅰ）型	红崖子沟乡	136	124
		马圈沟	前头沟水库	小（Ⅰ）型	五峰镇	100	90
		沙塘川	南门峡水库	中型	南门峡镇	1840	1740
		姚家沟	昝扎水库	小（Ⅰ）型	东沟乡	180	160

续表

位置分布	所属区县	所在河流	水库名称	水库类型	乡镇	总库容/万 m³	兴利库容/万 m³
湟水干流南岸	湟中县	大南川	大南川水库	中型	鲁沙尔镇	1320	1300
		盘道沟	盘道水库	中型	共和镇	1988	1720
			胜利水库	小（Ⅰ）型	共和镇	112	97
		甘河沟	大石门水库	小（Ⅰ）型	甘河滩镇	950	890
		什张家河	小南川水库	小（Ⅰ）型	田家寨镇	782	618
	平安区	祁家川	法台水库	小（Ⅰ）型	石灰窑乡	125.5	115.3
		白沈沟	干沟水库	小（Ⅰ）型	沙沟乡	200	190
			六台水库	小（Ⅰ）型	古城乡	305	246
			西岔湾水库	小（Ⅰ）型		156	151
	乐都区	下水磨沟	李家水库	小（Ⅰ）型	李家乡	235	166.2
		岗子沟	盛家峡水库	小（Ⅰ）型	瞿昙镇	455	450
		虎狼沟	中坝水库	小（Ⅰ）型	中坝乡	723.5	538.5
		洛巴沟	大石滩水库	小（Ⅰ）型	瞿昙镇	424	393.2
	民和县	巴州沟	马家河水库	小（Ⅰ）型	西沟乡	157	142
		隆治沟	古鄯水库	小（Ⅰ）型	古鄯镇	780	650
		前河沟	张铁水库	小（Ⅰ）型	马营镇	184	123
		松树沟	峡门水库	小（Ⅰ）型	峡门镇	260	220

（2）引水工程

根据调查统计，研究区共建成引水工程 363 处，其中西宁市共有 118 处，海东市有 245 处。引水工程总引水能力 1074m³/s。

（3）提水工程

根据调查统计，湟水干流区共建成提水工程 218 处，其中西宁市 23 处，海东市 195 处。提水工程总提水能力 16 m³/s。

（4）地下水供水工程

根据调查统计，研究区共建成地下水供水机井数量 4183 眼，其中，西宁市 916 眼，海东市 3267 眼。

2.4　供用耗水量

（1）供水量

2016 年研究区各类工程总供水量 9.25 亿 m³，其中地表水供水量 6.51 亿 m³，占总供水量的 70.4%；地下水供水量 2.66 亿 m³，占总供水量的 28.8%；其他水源供水 0.07 亿 m³，占总供水量的 0.8%。地表水供水量中，蓄水工程供水量为 1.50 亿 m³，引水工程供水量为 4.43 亿 m³，提水工程供水量为 0.59 亿 m³，分别占地表水供水量的 23.0%、68.0% 和 9.0%，地表水供水以引水和蓄水工程为主，如表 2.7 所示。

表 2.7　2016 年研究区供水量　　　　　　单位：万 m³

分区		地表水源供水量				地下水源供水量	其他水源供水量	总供水量
		蓄水	引水	提水	小计			
西宁市	市区	6	9770	1407	11182	11064	301	22547
	湟源县	2	7460	0	7462	231	0	7693
	湟中县	7685	1548	1883	11116	2984	0	14100
	大通县	690	4896	106	5691	6489	0	12180
	小计	8383	23674	3396	35451	20768	301	56520
海东市	平安区	1140	2520	154	3814	57	413	4284
	乐都区	1630	6169	1267	9066	4509	0	13575
	互助县	2638	6823	884	10345	1289	0	11633
	民和县	1181	5081	190	6452	22	0	6474
	小计	6589	20593	2495	29677	5877	413	35966
合计		14972	44267	5891	65128	26645	714	92486

（2）用水量

2016 年研究区国民经济生产用水总量 9.25 亿 m³，其中居民生活用水 1.13 亿 m³，占总用水量的 12.2%；工业、建筑业和三产用水 2.14 亿 m³，占总用水量的 23.1%；农业灌溉和牲畜用水 5.41 亿 m³，占总用水量的 58.5%；城市生态用水 0.57 亿 m³，占总用水量的 6.2%。各部门用水量如表 2.8 所示。

表 2.8　2016 年研究区用水量　　　　　　单位：万 m³

分区		城镇生活	农村生活	工业	建筑业	三产	农田灌溉	林草灌溉	牲畜	城镇生态	总用水量
西宁市	市区	5004	484	6438	528	3727	1777	2852	30	1708	22548
	湟源县	102	269	350	28	217	5424	1217	70	16	7693
	湟中县	870	598	1419	327	442	9199	821	404	20	14100
	大通县	824	608	2639	125	395	6140	1072	241	136	12180
	小计	6800	1959	10846	1008	4781	22540	5962	745	1880	56521

续表

分区		城镇生活	农村生活	工业	建筑业	三产	农田灌溉	林草灌溉	牲畜	城镇生态	总用水量
海东市	平安区	185	171	332	52	172	2624	617	71	60	4284
	乐都区	394	357	979	134	657	6837	387	302	3528	13575
	互助县	262	663	1173	78	401	8073	531	379	74	11633
	民和县	284	265	568	48	184	4304	492	186	142	6474
	小计	1125	1456	3052	312	1414	21838	2027	938	3804	35966
合计		7925	3415	13898	1320	6195	44378	7989	1683	5684	92487

（3）耗水量

根据湟水流域自然地理特点、水文气象、作物生长特性、用水部门组成、用水方式及取水条件等因素，以及近几年《青海省水资源公报》中黄河流域耗水系数，计算研究区总耗水量为 5.35 亿 m^3，其中地表水、地下水耗水量分别为 4.23 亿 m^3 和 1.12 亿 m^3，如表 2.9 所示。

表 2.9　2016 年研究区耗水量　　　　　　　　　单位：万 m^3

分区		地表水	地下水	总耗水量
西宁市	市区	7268	4647	11915
	湟源县	4850	97	4947
	湟中县	7225	1253	8479
	大通县	3699	2725	6425
	小计	23042	8722	31766
海东市	平安区	2479	24	2503
	乐都区	5893	1894	7787
	互助县	6724	541	7266
	民和县	4194	9	4203
	小计	19290	2468	21759
合计		42332	11190	53525

2.5　现状用水效率分析

研究区现状人均综合用水量为 278m^3/人，低于青海省人均 445m^3/人、黄河流域人均 328m^3/人和全国人均 438m^3/人；万元 GDP 用水量为 59m^3/万元，低于青海省的 103m³/万元、黄河流域的 65m³/万元和全国的 81m³/万元；万元工业增加值用水量为 23m³/万元，低于青海省的 28.4m³/万元、黄河流域的 24.7m³/万元和全国的 52.8m³/万元；城镇居民生活用水量为 116L/（人·d），高于青海省的 101L/（人·d）和黄河流域的 96L/（人·d），低于全国的 136L/（人·d）农村居民用水量为 64L/（人·d），与青海省的 63L/（人·d）、黄河流域的 62L/（人·d）基本持平，但低于全国的 86L/（人·d）；现状农田灌溉亩均用水量为 439m³/亩，低于青海省的 565m³/亩，高于黄河流域的 324m³/亩、全国的 380m³/亩，如表 2.10 所示。

表 2.10　研究区用水水平对比表

区域	人均用水量 /（m³/人）	万元 GDP 用水量 /（m³/万元）	万元工业增 加值用水量 /（m³/万元）	城镇居民 生活用水量 /[L/（人·d）]	农村居民 生活用水量 /[L/（人·d）]	农田灌溉 亩均用水量 /（m³/亩）
研究区	278	59	23	116	64	439
青海省	445	103	28.4	101	63	565
黄河流域	328	65	24.7	96	62	324
全国	438	81	52.8	136	86	380

2.6　生态环境现状

　　湟水流域位于青藏高原与黄土高原的生态过渡带，位于我国"两屏三带"生态安全战略格局的青藏高原和黄土高原—川滇两生态屏障及北方防沙带之间，生境类型多样、生态环境脆弱、生态地位十分重要。受其地理位置、气候特征、地形地貌及土壤状况等的综合影响，湟水河谷具有复杂多变的生境类型，其主要植被类型及群落特征受到黄土高原和青藏高原交错区植被的明显影响。除耕地外多为荒山秃岭，植被以草原或荒漠化草原为主，群落盖度为 25%～45%。湟水河是黄河流域湿地的集中分布区之一，具有重要水源涵养和生物多样性保护等功能。根据调查，湟水水系分布土著鱼类 17 种，其中，珍稀濒危鱼类 2 种，地方保护鱼类 6 种，主要分布于源头至西宁及民和至入黄口河段。湟水河谷位于青藏高原与黄土高原过渡地区，干旱、半干旱大陆性气候导致了区域生态环境的脆弱性。区内西宁市、海东市是青海省社会经济最发达的地区，区域人口密集，人类长期活动致使湟水干流区已不再显现原始状态的自然生态环境。由于湟水流域水资源长期紧缺，加之流域社会经济的持续快速发展，使流域水资源利用率和污染负荷持续增加，流域生态环境也随之持续变差，昔日"湟流春涨""鱼翔浅底"等景象已多年未见。此外，由于位于青海省东部黄土高原区，土壤抗蚀力差，极易流失，春旱经常发生，40%的年份春夏连旱，林草成活率低。严酷的自然条件，进一步恶化的生态环境，使得开展水土保持生态建设难度较大。截至目前，湟水流域水土流失面积内中度侵蚀强度以上、强烈侵蚀强度以上面积还有 4474.1km² 、3171.7km²，分别占项目区总面积的 32%和 22.7%，不能适应国民经济发展的需要，生态治理任务艰巨。

大通河流域是青海东部最重要的生态安全屏障。大通河从上游至下游分布有大通河特有鱼类国家级水产种质资源保护区、青海祁连山省级自然保护区、青海仙米国家森林公园、青海北山国家森林公园、甘肃天祝三峡国家森林公园、甘肃祁连山国家级自然保护区、甘肃连城国家级自然保护区、甘肃吐鲁沟国家森林公园等环境敏感区。大通河水系土著鱼类是黄河濒危鱼类保护及中国生物多样性保护的重要组成部分，其濒危保护鱼类物种及种群保护对维系黄河上游鱼类物种资源至关重要，具有重要生态保护价值。目前大通河干支流已在建水电站较多，河流阻隔现象较重，影响水生生物之间的遗传交流和鱼类洄游通道，导致生物多样性下降。

第3章 "山水林田湖草"生命共同体系统研究

国家高度重视生态文明建设，提出要坚持人与自然和谐共生，统筹"山水林田湖草"系统治理，实施重要生态系统保护和修复重大工程，优化生态安全屏障体系，构建生态廊道和生物多样性保护网络。2016年，财政部、原国土资源部、原环境保护部印发了《关于推进山水林田湖生态保护修复工作的通知》，开展国家"山水林田湖草"生态保护修复工程试点（周宏春和江晓军，2019）。"山水林田湖草"生命共同体从本质上深刻地揭示了人与自然生命过程之根本，是不同自然生态系统间能量流动、物质循环和信息传递的有机整体，是人类紧紧依存、生物多样性丰富、区域尺度更大的生命有机体。田者出产谷物，人类赖以维系生命；水者滋润田地，使之永续利用；山者凝聚水分，涵养土壤；山水田构成生态系统中的环境，而林草依赖阳光雨露，成为生态系统中最基础的生产者。"山水林田湖草"作为自然生态系统，与人类有着极为密切的共生关系，共同组成了一个有机、有序的"生命共同体"（王波等，2018；成金华和尤喆，2019）。

治水包括开发利用、治理配置、节约保护等多个环节。治水要良治，良治的内涵之一是善用系统思想统筹水的全过程治理，分清主次、因果关系，找出症结所在。"山水林田湖草"是生命共同体，要统筹兼顾、整体施策、多措并举，全方位、全地域、全过程开发生态文明建设（吴舜泽等，2018；吴浓娣等，2019）。山青、水秀、林茂、田整、湖净、草丰是我国生态文明建设的重要内容，可以为我国向"两个一百年"奋斗目标和中华民族伟大复兴中国梦的历史进程提供绿色新动能。

湟水流域（民和以上）作为黄河的一级支流，在生态环境保护和区域经济发展方面具有重要的战略地位。

第一，从空间优化来看，《兰州—西宁城市群发展规划》基于维护国家生态安全战略支撑的角度，提出围绕支撑青藏高原生态屏障建设和北方防沙带建设，引导人口向城市群适度集聚，建立稳固的生态建设服务基地；依托三江源、祁连山等生态安全屏障，构建以黄河上游生态保护带，湟水河、大通河和达坂山、拉脊山等生态廊道构成的生态安全格局，切实维护黄河上游生态安全。

第二，从城市群人口聚集来看，《兰州—西宁城市群发展规划》提出，要严格落实主体功能区战略和制度，依据资源环境承载能力和国土空间开发适应性评价，按照"大均衡、小集中"，调整和优化空间结构，提高空间利用效率，通过强化空间功能分区管控，引导区域范围内人口稳定增长和适度集聚。

第三，从生态区位来看，该流域在《全国主体功能区规划》和《全国生态功能区划》中均属于水源涵养区。但是，气候变化和过去人类活动的负面干扰，改变了水循环和生态演变的自然节律，生态用地被挤占，生态需水过程不能得到满足，导致山地森林和草原生态系统破坏较为严重，生态系统质量相对较低。

第四，从经济区位来看，《兰州—西宁城市群发展规划》明确要求："把兰州—西宁城市群培育发展成为支撑国土安全和生态安全格局、维护西北地区繁荣稳定的重要城市群。到2035年，兰西城市群协同发展格局基本形成，……，在全国区域协调发展战略格局中的地位更加巩固"。

第五，从作为沟通西北西南、连接欧亚大陆重要枢纽来看，《兰州—西宁城市群发展规划》提出，扩大向西开放，重点与中亚、中东及东欧国家开展能矿资源、高端装备制造、绿色食品加工等领域的合作；探索向北开放，加强与相关国家在农牧业、矿产资源等领域的合作；拓展向南开放，积极融入中巴、孟中印缅等经济走廊；深化向东开放，重点促进与东亚国家及我国港澳台地区在农业、旅游、环保、文体、生物资源开发等相关领域的合作交流。

第六，从水土流失防治来看，依据水利部颁布的《关于划分国家水土流失重点防治区的公告》，本流域位于湟水洮河中下游治理区，主要涉及西宁市辖区、民和回族土族自治县、乐都区、湟中县和平安区。

此外，根据历史资料和实地调研情况，一方面，为了改善区域生态环境，西宁市和海东市自1989年以来在自然保护区及国家森林公园、湿地恢复和规模化林场建设做出了巨大努力，仅西宁市森林覆盖率从1989年的7.9%增加至79%，效果显著。但是，区域气候条件较为恶劣，不仅植被快速生长的积温条件得不到满足，生长季降水也难以满足，导致林木生长缓慢，树苗生长期增加，需要10年以上的灌水才能正常生长；而河滨带湿地和国家森林公园建设和维系也需要大量的生态用水。另一方面，湟水流域（民和以上）虽然没有濒危鱼类，但是具有多种野生土著鱼类，每年不同生长期需要一定的径流过程，以维系鱼类正常生长及其栖息地规模。

因此，为了提高流域水源涵养能力，防治水土流失，维持物种多样性，平衡生态保护与城市群快速发展之间的关系，亟须开展湟水流域（民和）生态需水核算工作，在空间上包含坡面和河道两个层面，坡面系统包含农田、森林、草地和城市等，河道包含河道、滨河湿地和河口等；在时间维度上，考虑现状年和未来水平年，分别以 2017 年下垫面条件为现状情景、以基于"山水林田湖草"生命共同体理念对湟水干流区域土地优化布局进行研究。

3.1 湟水河谷生态演变分析

3.1.1 景观格局

1. 土地利用

1980～2017 年间湟水流域土地利用类型转移区主要集中在流域的中部的北川河及南北两岸支沟附近。其中，西宁市区是湟水流域土地利用类型发生转移区域集聚密度较大的地方，且主要发生在林草地之间的转化及林草地同其他类型的转化（图 3.1）。

1980～2017 年间湟水流域土地利用主要类型为林地和草地同其他各类型之间变化。其中，湟水流域在 1980～2017 年，土地利用类型中未利用土地变化面积的大约 45.6%转移为草地，大约 20.8%转化为林地；草地变化面积的大约 34.7%转化为林地，整体而言，林草地不断增加，植被覆盖度逐渐好转（表 3.1）。

表 3.1   1980～2017 年湟水流域土地利用转移矩阵   单位：%

土地利用类型	耕地	林地	草地	水域	居民及城乡建设用地	未利用土地	沼泽地
耕地	53.9	19.3	13.0	0.9	12.7	0.2	0.01
林地	2.6	78.6	18.0	0.2	0.5	0.1	0.0
草地	19.8	34.7	43.6	0.1	1.2	0.7	0.0
水域	26.5	12.3	8.1	33.9	19.2	0.1	0.0
居民及城乡建设用地	30.9	9.6	6.5	0.8	52.1	0.1	0.0
未利用土地	0.1	20.8	45.6	0.04	0.02	33.5	0.0
沼泽地	0.0	1.6	21.7	0.02	0.0	1.4	75.4

注：1980 年、2005 年土地利用数据来源于中国科学院资源环境科学数据中心，2017 年土地利用数据来源于青海省国土厅。

1980～2017 年，湟水流域林地的面积一直呈增加趋势，而未利用土地的面积呈逐年减少趋势，如图 3.1 所示。湟水流域林地面积较 1980 年增加约 3127.7km^2，未利用土地面积减少了 215.5km^2，耕地总面积一直维持在 3000km^2 左右（图 3.2）。

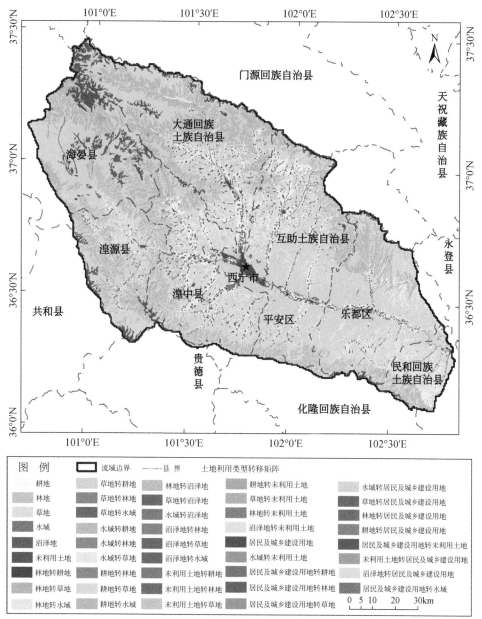

图 例
流域边界
县界
土地利用类型转移矩阵

耕地
林地
草地
水域
沼泽地
未利用土地
林地转耕地
林地转草地
林地转水域

草地转耕地
草地转林地
草地转水域
水域转耕地
水域转林地
水域转草地
耕地转耕地
耕地转草地
耕地转水域

林地转沼泽地
草地转沼泽地
水域转沼泽地
沼泽地转耕地
沼泽地转草地
沼泽地转水域
未利用土地转耕地
未利用土地转林地
未利用土地转草地

耕地转未利用土地
草地转未利用土地
林地转未利用土地
沼泽地转未利用土地
居民及城乡建设用地
水域转未利用土地
居民及城乡建设用地转耕地
居民及城乡建设用地转林地
居民及城乡建设用地转草地

水域转居民及城乡建设用地
草地转居民及城乡建设用地
林地转居民及城乡建设用地
耕地转居民及城乡建设用地
居民及城乡建设用地转未利用土地
未利用土地转居民及城乡建设用地
沼泽地转居民及城乡建设用地
居民及城乡建设用地转水域

0 5 10 20 30km

(a) 1980~2005年

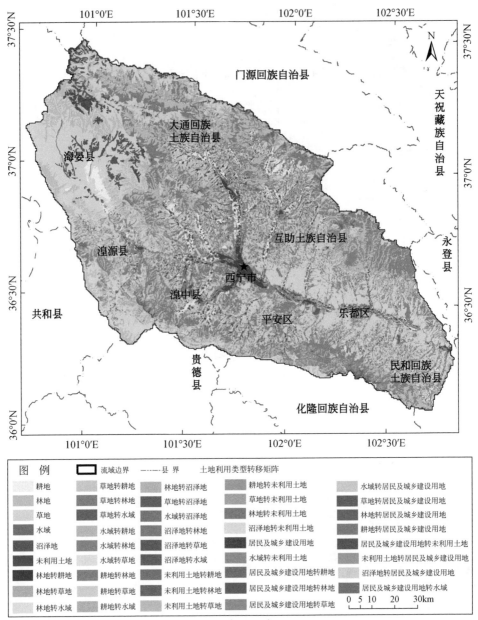

图 例　　□ 流域边界　---- 县 界　　土地利用类型转移矩阵

耕地	草地转耕地	林地转沼泽地	耕地转未利用土地	水域转居民及城乡建设用地
林地	草地转林地	草地转沼泽地	草地转未利用土地	草地转居民及城乡建设用地
草地	草地转水域	水域转沼泽地	林地转未利用土地	林地转居民及城乡建设用地
水域	水域转耕地	沼泽地转林地	沼泽地转未利用土地	耕地转居民及城乡建设用地
沼泽地	水域转林地	沼泽地转草地	居民及城乡建设用地	居民及城乡建设用地转未利用土地
未利用土地	水域转草地	沼泽地转水域	水域转未利用土地	未利用土地转居民及城乡建设用地
林地转耕地	耕地转林地	未利用土地转耕地	居民及城乡建设用地转耕地	沼泽地转居民及城乡建设用地
林地转草地	耕地转草地	未利用土地转林地	居民及城乡建设用地转林地	居民及城乡建设用地转水域
林地转水域	耕地转水域	未利用土地转草地	居民及城乡建设用地转草地	0 5 10　20　30km

(b) 2005~2017年

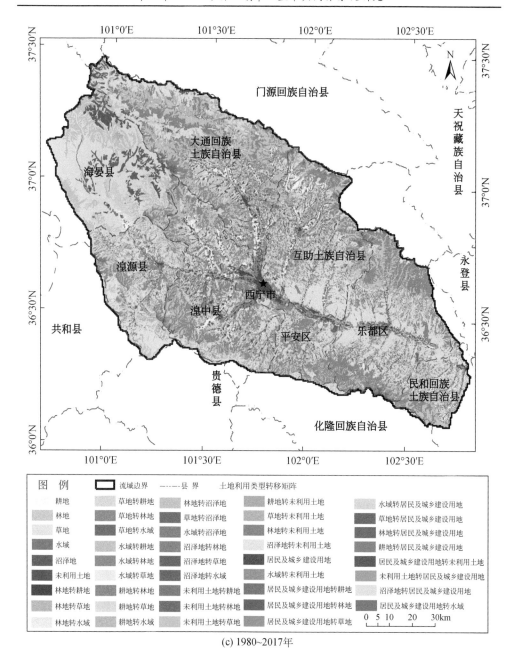

(c) 1980~2017年

图 3.1　1980～2017 年湟水流域土地利用类型转移变化空间分布

注：1980 年、2005 年土地利用数据来源于中国科学院资源环境科学数据中心，2017 年土地利用数据

来源于青海省国土厅

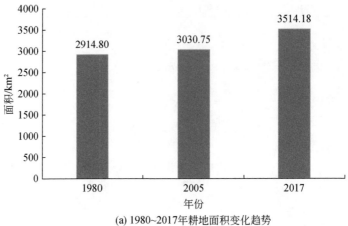

(a) 1980~2017年耕地面积变化趋势

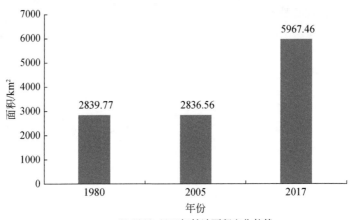

(b) 1980~2017年林地面积变化趋势

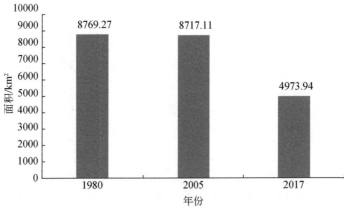

(c) 1980~2017草地面积变化趋势

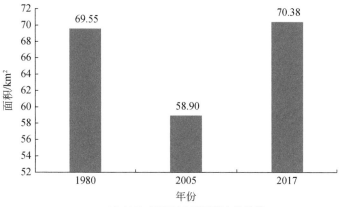

(d) 1980~2017年水域面积变化趋势

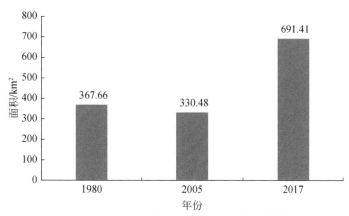

(e) 1980~2017年居民城镇用地面积变化趋势

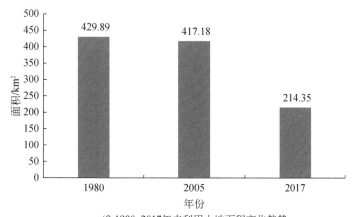

(f) 1980~2017年未利用土地面积变化趋势

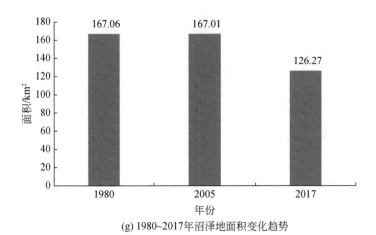

(g) 1980~2017年沼泽地面积变化趋势

图 3.2 1980~2017 年湟水流域各种土地利用类型面积

注：1980 年、2005 年土地利用数据来源于中国科学院资源环境科学数据中心，2017 年

土地利用数据来源于青海省国土厅，并统计面积

2. 景观变化

在 Fragstats 4.2 软件中计算 3 种类型的景观指数，包括斑块水平、斑块类型水平和景观水平。根据研究区区域的景观格局特点及实用性原则，湟水流域生态景观格局指数主要从斑块类型层面和景观层面进行分析，其中斑块类型层面选取了 7 个指数，景观层面选取了 8 个指数（表 3.2）。

表 3.2 景观格局指数

序号	分析层面	景观格局指数
1	斑块类型	斑块所占景观面积比例（PLAND）
		斑块数量（NP）
		最大斑块占景观面积比例（LPI）
		边缘密度（ED）
		平均斑块面积（AREA_MN）
		面积加权的平均拼块分形指数（FRAC_AM）
		聚合度指数（AI）
2	景观	斑块数量（NP）
		最大斑块占景观面积比例（LPI）
		边缘密度（ED）
		平均斑块面积（AREA_MN）
		面积加权的平均拼块分形指数（FRAC_AM）

续表

序号	分析层面	景观格局指数
2	景观	蔓延度指数（CONTAG） 香浓多样性指数（SHDI） 香浓均匀度指数（SHEI）

1980～2017 年间湟水流域各土地利用类型演变趋势差异明显（表 3.3）。居民及城乡建设用地作为湟水流域最主要的景观类型，斑块数目（NP）和斑块密度（EP）先减少后增加，平均斑块面积（AREA_MN）先增加后急剧减少，最大斑块占景观面积比例（LPI）和面积加权的平均拼块分形指数（FRAC_AM）持续增加，聚合度指数（AI）波动下降。上述趋势表明：此期间居民及城乡建设用地空间分布破碎化程度不断加剧，并且人类活动对居民及城乡建设用地的干扰持续增加，斑块聚集程度减弱。

林地作为湟水流域第二大景观类型，整体上景观指数变化趋势表现为：斑块数目（NP）和斑块密度（EP）增加趋势明显，平均斑块面积（AREA_MN）急剧减少，最大斑块占景观面积比例（LPI）和面积加权的平均拼块分形指数（FRAC_AM）平稳增加，聚合度指数（AI）波动下降。上述趋势表明：此期间林地景观类型破碎化程度不断增加，大斑块面积下降明显，在人类活动对林地的影响持续增加，斑块聚集程度减弱。

湟水流域耕地和草地景观指数整体上表现为：斑块数目（NP）和斑块密度（EP）增加趋势明显，平均斑块面积（AREA_MN）急剧减少，最大斑块占景观面积比例（LPI）持续减少，面积加权的平均拼块分形指数（FRAC_AM）基本保持不变，聚合度指数（AI）波动下降。上述趋势表明：此期间耕地和草地景观类型破碎化程度不断增加，大斑块面积下降明显，在人类活动干扰下，斑块聚集程度减弱。

表 3.3 湟水流域 1980s～2017 年各土地利用类型的景观格局指数

土地利用类型	年份	景观格局指数						
		PLAND	NP	LPI	ED	AREA_MN	FRAC_AM	AI
耕地	1980s	18.74	524	5.89	15.05	556.26	1.33	98.01
	2005	19.48	465	5.87	14.43	651.77	1.33	98.16
	2017	22.59	31317	1.96	48.66	11.22	1.31	94.63
林地	1980s	18.25	1193	0.76	12.11	238.04	1.20	98.35
	2005	18.23	1116	0.76	12.00	254.17	1.20	98.36
	2017	38.36	24801	4.80	41.98	24.06	1.27	97.27

续表

土地利用类型	年份	景观格局指数						
		PLAND	NP	LPI	ED	AREA_MN	FRAC_AM	AI
草地	1980s	56.36	574	17.83	24.31	1527.74	1.31	98.92
	2005	56.03	546	17.42	23.98	1596.55	1.30	98.93
	2017	31.97	22919	13.44	40.52	21.70	1.31	96.83
水域	1980s	0.45	66	0.15	0.76	105.40	1.26	95.88
	2005	0.38	39	0.15	0.69	151.04	1.28	95.55
	2017	0.45	2500	0.03	2.44	2.81	1.25	86.63
居民及城乡建设用地	1980s	2.36	2566	0.17	3.19	14.33	1.08	96.67
	2005	2.12	1011	0.35	2.06	32.69	1.11	97.62
	2017	4.44	34511	1.72	13.91	2.00	1.27	92.21
未利用土地	1980s	2.76	205	0.74	1.49	209.70	1.18	98.58
	2005	2.68	196	0.74	1.47	212.84	1.18	98.56
	2017	1.38	1171	0.39	1.45	18.30	1.17	97.33
沼泽地	1980s	1.07	65	0.08	0.63	257.02	1.14	98.61
	2005	1.07	65	0.08	0.63	256.93	1.14	98.61
	2017	0.81	84	0.08	0.49	150.31	1.14	98.58

未利用土地斑块数目（NP）先减少后增加，斑块密度（EP）和平均斑块面积（AREA_MN）持续减少，最大斑块占景观面积比例（LPI）波动减少，面积加权的平均拼块分形指数（FRAC_AM）基本保持不变，聚合度指数（AI）波动下降。上述趋势表明：此期间未利用土地景观类型破碎化程度不断增加，大斑块面积下降明显，且近年来人为干扰减小，斑块复杂性略有减小，但是斑块聚集程度持续减弱，斑块分布相对均匀。

水域斑块数目（NP）和斑块密度（EP）先减少后增加，平均斑块面积（AREA_MN）急剧减少，最大斑块占景观面积比例（LPI）和面积加权的平均拼块分形指数（FRAC_AM）波动降低，聚合度指数（AI）波动下降。上述趋势表明：此期间水域景观类型破碎化程度不断增加，斑块复杂性增加，大斑块面积下降明显，但是斑块聚集程度持续减弱，斑块分布相对均匀。

沼泽地斑块数目（NP）增加，斑块密度（EP）和平均斑块面积（AREA_MN）呈减少趋势，最大斑块占景观面积比例（LPI）和面积加权的平均拼块分形指数（FRAC_AM）基本保持不变，聚合度指数（AI）波动下降。上述趋势表明：此期间水域景观类型破碎化程度不断增加，大斑块面积下降明显，斑块复杂性略有减小，但是斑块聚集程度持续减弱，斑块分布相对均匀。

1980s～2017 年湟水流域景观格局指数变化显著（表 3.4）。斑块数量（NP）和边缘密度（ED）指数表现先减小后增加的趋势，但是 2005～2017 年增加趋势剧烈，整体表明湟水流域土地利用空间分布的破碎化程度加大，且斑块平均面积呈先增加后减小的趋势，验证了湟水流域土地利用空间分布整体上表现破碎化程度加大的趋势；最大拼块所占景观面积的比例（LPI）呈减小趋势，整体表明湟水流域不同类型间斑块的相互作用逐渐减弱，人类活动对景观格局的影响增大，斑块分布趋向于规则化、集中化，斑块总体复杂性持续下降；蔓延度指数（CONTAG）先有小幅度增加后开始减小，可知湟水流域景观空间连续性整体上处于减弱的趋势。香浓多样性指数（SHDI）和香浓均匀度指数（SHEI）呈增大趋势，表明各景观类型在景观中呈均衡化趋势分布，近 30 年湟水流域景观优势度在持续减少，景观优势类别对景观整体的控制作用减弱。

表 3.4　1980s～2017 年湟水流域景观格局指数

年份	景观格局指数							
	NP	LPI	ED	AREA_MN	FRAC_AM	CONTAG	SHDI	SHEI
1980s	5193	17.83	28.77	299.60	1.28	66.73	1.21	0.62
2005	3438	17.42	27.63	452.53	1.28	66.96	1.20	0.62
2017	117303	13.44	74.72	13.26	1.28	60.82	1.33	0.68

3.1.2　生态质量

本研究以植被覆盖度和净初级生产力为因子，对湟水河谷即民和以上湟水流域开展生态质量的历史演变识别。

1. 植被覆盖度

空间分布上，利用 ArcGIS 分析工具，得到湟水流域 1981～2015 年分辨率为 8km 的 NDVI 变化率的空间分布图和 2000～2015 年分辨率为 1km 的 NDVI 变化率的空间分布图（图 3.3），变化整体表现为流域下游民和县城镇和人口集中的城区，且植被覆盖程度增大的趋势明显，其他地方植被覆盖程度变化不明显。时间分布上，湟水流域 1981～2015 年植被覆盖度整体呈现上升趋势（图 3.4）。

对植被覆盖度进行等级划分，绘制 1981 年、2005 年和 2015 年研究区植被覆盖度空间分布图（图 3.5），分析表明：湟水流域的植被覆盖度逐渐增加。计算 1980s、2000s、2010s 林地、耕地和草地的植被覆盖度等级面积占比（图 3.6），结果表明，从 1980s 至今，耕地的高等覆盖度和中等覆盖度面积增加，低等覆盖度面积减小，耕地覆盖度均值从 0.41 增加到 0.67。林地低等覆盖度面积减小，中等覆盖度面积增大，林地覆盖度均值在 2000s 略有增加，后随着植树造林面

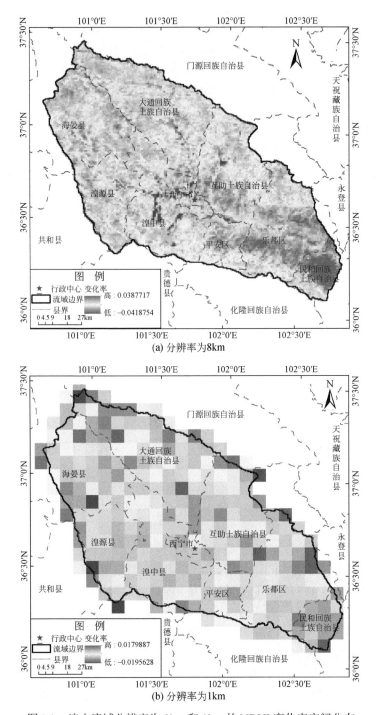

图 3.3　湟水流域分辨率为 8km 和 1km 的 NDVI 变化率空间分布

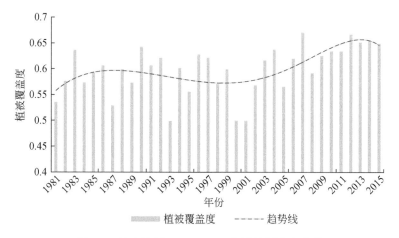

图 3.4 湟水流域 1981～2015 年植被覆盖度变化

注：植被覆盖度由 NDVI 数据计算得到，并统计各部分面积，NDVI 数据在地理空间数据云下载

积增加，略有下降。草地的高等覆盖度和低等覆盖度面积均有减小，中等覆盖度面积增大，覆盖度均值从 0.51 增大到 0.6。

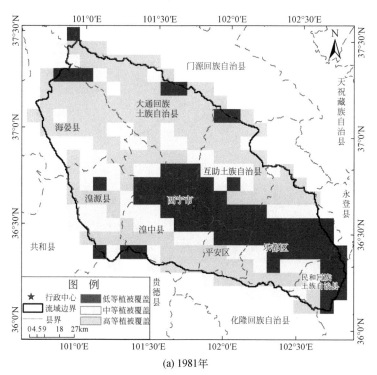

(a) 1981年

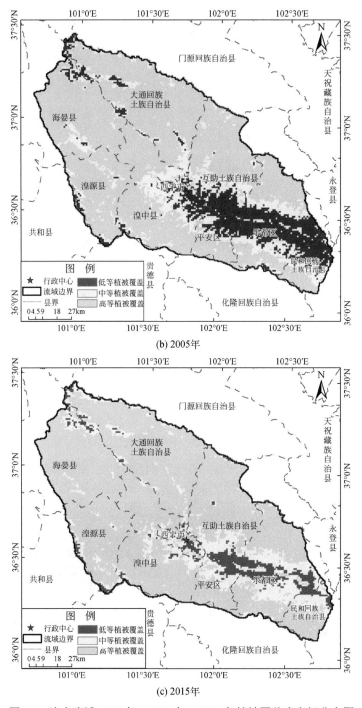

(b) 2005年

(c) 2015年

图 3.5　湟水流域 1981 年、2005 年、2015 年植被覆盖度空间分布图

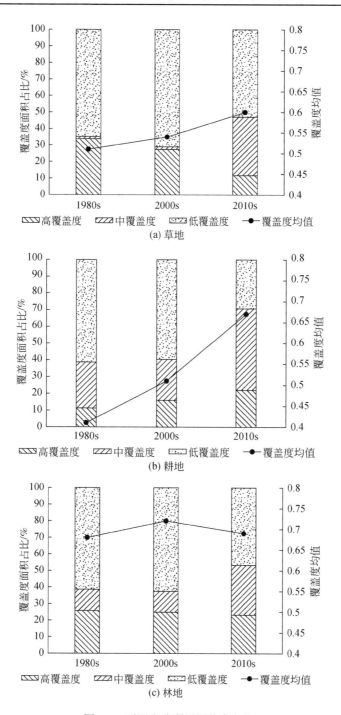

(a) 草地

(b) 耕地

(c) 林地

图 3.6 不同土地利用覆盖度变化

2. 净初级生产力

参考类似流域（宋艺等，2017），计算研究区 2005 年及 2015 年经净初级生产力，获取 2005 年和 2015 年不同土地利用类型的单位面积净初级生产力，同做相应的统计。

结果表明，耕地、林地的年净初级生产力均有上升，上升幅度分别为 28.67 万 t 和 105.61 万 t，草地的年净初级生产力下降了 116.51 万 t，结合土地利用变化分析，林地和草地的年净初级生产力变化剧烈与研究区植树造林有关。耕地和草地的单位面积净初级生产力略有增加，林地的单位面积净初级生产力略有下降，由于林地面积增大，但新种植的树木较小，尚未成材，故林地年净初级生产力上升，而单位面积净初级生产力下降。

3.1.3　河谷生态现状与面临形势

1. 湟水干流民和断面水资源及生态情势概况

湟水民和断面控制流域面积 15350km^2，占湟水干流流域面积的 86.6%。根据 1956～2016 年系列资料，湟水干流民和断面多年平均天然径流量 21.0 亿 m^3，主要来水期 6～10 月天然径流量为 12.59 亿 m^3，占全年的 60%。枯水期 12～3 月天然径流量为 3.26 亿 m^3，占全年的 15.5%。

根据 1956～2016 年资料，湟水民和断面多年平均实测径流量 15.8 亿 m^3。实测径流量最小值出现在 1991 年，为 7.1 亿 m^3，仅为多年平均实测径流的 44.8%。从年内分配看，湟水干流径流年内分配极不均匀。年内实测径流最大值多出现在 8 月，占全年径流量的 16%；冬季径流量最小，最小月径流量多出现在 1 月，仅占全年径流量的 4.4%。此外，民和断面实测年平均流量相对于天然年平均流量变化幅度较大，年均实测流量相对于天然流量平均减少比例为 24.7%，最大减少比例 43.9%。主要因为自 20 世纪 50 年代以来，湟水干流地区经济社会快速发展，修建了大批水利工程，上游耗用水大量增加。

2. 湟水支沟水资源及生态情势概况

本次在西宁—海东城市群周边湟水两岸选择人口、耕地分布比较集中的 20 条支沟作为分析对象。包括湟水干流北岸的西纳川、云谷川、沙塘川、哈拉直沟、红崖子沟、引胜沟、羊倌沟、下水磨沟、上水磨沟，以及湟水南岸的大南川、小南川、祁家川、白沈家沟、马哈拉沟、岗子沟、虎狼沟、松树沟、米拉沟、巴州沟、隆治沟（图 3.7）。20 条支沟近十年平均天然径流量为 9.2 亿 m^3，现状地表供水量为 3.90 亿 m^3，平均地表水开发利用率 42.4%。湟水干流两岸典型支沟情况如表 3.5 所示。

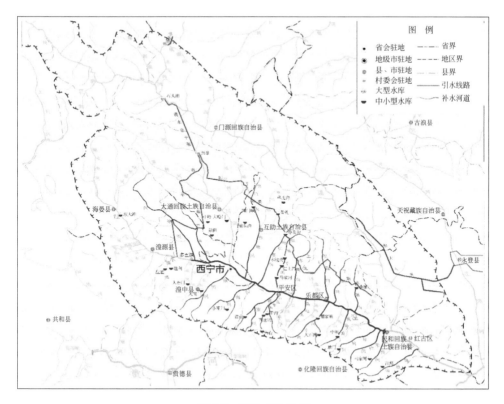

图 3.7 所选支沟分布

表 3.5 湟水南北岸典型支沟概况

分布	支沟名称	行政归属	集水面积/km²	天然来水量/万 m³	人口/万人	耕地/万亩
湟水南岸	大南川	湟中县	372	4881.2	10.15	4.49
	小南川	湟中县	433	4384.6	5.08	7.19
	祁家川	平安区	320	3070.4	2.82	4.29
	白沈家沟	平安区	279	2875.4	3.76	2.48
	马哈拉沟	乐都区	312	926.2	2.70	1.00
	岗子沟	乐都区	315	3255.6	3.60	3.80
	虎狼沟	乐都区	291	1454.7	3.87	3.76
	松树沟	民和县	284	2456.3	3.49	1.00
	米拉沟	民和县	177	2396	3.33	1.20
	巴州沟	民和县	373	3139.7	5.51	1.56
	隆治沟	民和县	306	2575.5	3.8	3.74

续表

分布	支沟名称	行政归属	集水面积 /km²	天然来水量 /万 m³	人口 /万人	耕地 /万亩
湟水北岸	西纳川	湟中县	565	16323.4	8.34	6.14
	云谷川	湟中县	274	3887.8	7.84	4.14
	沙塘川	互助县	1092	15211.5	30.16	16.90
	哈拉直沟	互助县	410	4539.2	3.70	5.67
	红崖子沟	互助县	365	3798.6	4.28	3.48
	上水磨沟	互助县	189	3684.1	5.65	1.44
		乐都区	143			
	引胜沟	乐都区	378	8319.4	2.77	1.49
	羊倌沟	乐都区	207	2262.8	4.10	0.14
	下水磨沟	乐都区	224	2560.1	1.36	0.21

当前仅有西纳川、北川河、沙塘川、引胜沟、小南川、巴州沟等湟水支流设置有水文站。根据 1967~2016 年实测资料分析,小南川河王家庄站多年平均实测径流量 4303 万 m³,年际变化剧烈,最大年均径流量 9829 万 m³,最小年均径流量 2334 万 m³,极值比为 4.21;该站径流年内主要集中在 7~10 月,占全年 58.4%,最小值出现在 3 月,仅为 13.7 万 m³。

巴州沟吉家堡站多年平均实测径流量 2815 万 m³,最大年均径流量 8386 万 m³,最小年均径流量 970 万 m³,极值比为 8.64,表明该站径流年际变化十分剧烈,径流整体呈现明显的降低趋势;径流年内主要集中在 7~10 月,占全年 61.3%,最小值出现在 11 月,仅为 39 万 m³。

西纳川河西纳川站多年平均实测径流量 1.41 亿 m³,最大年均径流量 30700 万 m³,最小年均径流量 5085 万 m³,极值比为 6.04,表明该站径流年际变化剧烈;7~10 月径流占全年 58.6%,多年平均最枯月为 2 月,仅占全年 2.7%。

沙塘川河傅家寨站多年平均实测径流量 1.0 亿 m³,最大年均径流量 17957 万 m³,最小年均径流量 4348 万 m³,极值比为 4.13,表明该站径流年际变化剧烈;7~10 月径流占全年 52.3%,多年平均最枯月为 4 月,占全年 4.5%,这与沙塘川河区域内大量灌溉用水有关。

此外,引胜沟八里桥站多年平均实测径流量 6794 万 m³,最大年均径流量 13398 万 m³,最小年均径流量 3943 万 m³,极值比为 3.4,相比其他站,该站径流年际变化相对较小,而该站径流整体呈现微微的下降趋势;该站径流年内基本集中在 7~10 月,占全年 79.4%,多年平均最枯月为 3 月,径流仅有

90 万 m³, 占全年 1.3%。

3. 河道水生态现状及存在问题

近十年来, 民和断面年平均实测径流量较天然减少了 33.2%, 不能达到生态需水要求, 生态需水满足程度较差。湟水南北岸支沟来水量年内分布极为不均, 径流主要集中在 7～10 月, 约占全年径流量的 60%左右, 1～2 月径流量占比均在 14%以下。通过分析, 南岸支沟 1956～2010 年年均天然径流相比于 1956～2000 年呈减少趋势, 其中, 马哈拉沟年均天然径流减少量高达 2184.3 万 m³, 虎狼沟、巴州沟、隆治沟、松树沟的年均天然径流减少量分别为 1530.5 万 m³、1505.2 万 m³、1234.6 万 m³、1079.8 万 m³。然而, 南北岸各支沟现状年地表水资源开发利用程度逐年提升, 地表水资源开发利用程度超过 40%的支沟为 12 条, 超过 60%的有 6 条, 南岸虎狼沟、南川河、小南川河、祁家川、隆治沟地表水资源开发利用程度已分别高达 94.6%、73.2%、75.9%、75.1%、79.9%, 北岸云谷川、沙塘川、哈拉直沟地表水资源开发利用程度已分别高达 56.3%、62.5%、56.9%。综上, 湟水南北岸各典型支沟河道内水资源受挤占严重, 导致河沟水生态质量变差、水生态系统恶化。未来随着区域西纳川、杨家、文祖口等十多座中小型水库建成运用, 当地水资源开发利用程度将进一步提高, 河道内水资源受挤压形势将更加严峻。

同时, 根据 2008～2011 年调查, 湟水部分支沟 (如北川河、沙塘川等) 分布有珍稀濒危鱼类 2 种, 分别为极边扁咽齿鱼与拟鲇高原鳅; 分布地方保护鱼类 5 种, 分别为黄河雅罗鱼、花斑裸鲤、黄河裸裂尻鱼、极边扁咽齿鱼和拟鲇高原鳅。特别地, 拟鲇高原鳅栖息于有水草的缓流 (岸边溪沟浅水处), 也栖息于水深湍急的砾石底质河段, 常潜伏于底层, 7～8 月产卵; 黄河高原鳅生活于砾石底质急流河段, 每年 4～5 月河道融冰时即逆水上溯产卵繁殖; 黄河裸裂尻鱼栖息于流水多砾石河床, 尤以被水流冲刷而上覆草皮的潜流为多, 每年 5～6 月为主要产卵季节, 有溯河产卵习性。现状, 由于支沟水资源过度开发利用, 造成土著鱼类资源和物种资源发生衰退。

另外, 湟水干流区域水质达标率仅为 69.4%, 湟水南北岸典型支沟水质达标率为 80.16%, 不达标河沟主要为北川河朝阳以下河段、南川河西宁市区段、沙塘川八一桥以下河段, 水质均为Ⅳ类至劣Ⅴ类。污染最为严重的是南川河与北川河, 如南川河六一桥至南川河口段水质为劣Ⅴ类, 生态需氧量与氨氮均超标严重, 加之部分支沟地表水资源开发利用程度较大, 造成河沟自净能力较弱, 支沟河道内缺水情势更为显著。湟水典型支沟现状年开发利用程度分析结果如表 3.6 所示。

表 3.6　湟水干流典型支沟现状年开发利用程度分析

分布	河沟	天然来水量/万 m³	地表水用水量/万 m³	开发利用程度/%
	大南川	4881.2	3571.3	73.2
	小南川	4384.6	3328.5	75.9
	祁家川	3070.4	2305.3	75.1
	白沈家沟	2875.4	1192.1	41.5
	马哈拉沟	926.2	522.9	56.5
湟水南岸	岗子沟	3255.6	1665.6	51.2
	虎狼沟	1454.7	1209.1	83.2
	松树沟	2456.3	586.0	23.9
	米拉沟	2396	709.4	29.6
	巴州沟	3139.7	1007.5	32.1
	隆治沟	2575.5	2057.4	79.9
	西纳川	16323.4	2560.99	15.7
	云谷川	3887.8	2190.06	56.3
	沙塘川	15211.5	9499.63	62.5
	哈拉直沟	4539.2	2581.69	56.9
湟水北岸	红崖子沟	3798.6	1629.32	42.9
	上水磨沟	3684.1	800.63	21.7
	引胜沟	8319.4	1185.37	14.2
	羊倌沟	2262.8	206.98	9.1
	下水磨沟	2560.1	182.10	7.1

3.2　土地适宜性评价

3.2.1　评价方法

1. 评价原则

为了获取准确性、科学性、实用性并高度精确统一的评价成果，依据科学合理的评价原则是保证实现这一目标的前提与基础。《土地评价纲要》提出以下 5 条评价原则。

（1）针对性原则

土地适宜性在针对特定的土地用途方式时才有意义。不同的土地用途都有其特殊的需求，土地适宜性是针对特定的土地利用类型而言的。

（2）比较原则

1）比较不同的土地利用方式。土地适宜性评价要考虑到不同的土地用途方式，然后对不同土地利用方式的评价结果做出比较，分析其内在联系，以便对土地利用结构进行调整和土地用途进行优化。

2）土地利用对土地质量和土地区位的要求比较。不同的土地用途方式有不同的最佳影响条件和不同的限制条件，土地适宜性评价不仅要分析土地的质量，而且要考虑到土地的利用类型的特征和不同作物对土地的要求。因此不应该只局限于单宜性的评价，而要进行多宜性的综合评价。

（3）连续利用原则

持续高效地利用土地，是实行可持续发展的前提。在评价土地适宜性的时候，是否对生态环境造成破坏就成了评价土地利用是否合理的关键。换言之，在对其某种土地利用方式做出评价时，必须确保不因为这种利用的进行而导致原有生态环境的削弱，进而导致生态系统的退化或恶化。

（4）因地制宜原则

影响土地适宜性评价的因素有规划区域当地的自然因素和社会经济文化因素。不同国家、不同地区的这些影响因素存在着明显的差异。因此，适宜性评价在不同区域应当有其不同的评价依据，因地制宜地确定不同的评价指标和构建不同评价体系。

（5）综合性原则

土地适宜性评价过程需要自然科学、经济学、社会学、土地技术、计算机技术、Arc GIS 等各方面的技术支持，只有全面地、综合地分析其规划区域的自然、社会、经济等条件，才能客观地对土地做出科学合理的适宜评价，增强评价成果的运用价值和科学性，更好地为本区域的土地利用规划编制及其他土地管理工作提供服务。

2. 土地适宜性评价体系

目前国际上影响最大、使用最广泛的土地适宜评价是联合国粮农组织 1976 年颁布的土地适宜性评价系统。在该系统中，土地适宜性分类共四级：土地适宜性纲、土地适宜性级、土地适宜性亚级和土地适宜性单元，如表 3.7 所示。

表 3.7　联合国粮农组织《土地评价纲要》的土地评价体系

纲	级	亚级	单元
表示适宜性的种类	表示在纲内适宜程度	表示级内的限制性因素种类	表示亚级内经营管理的细小差别
S：适宜	S_1：高度适宜		
	S_2：中等适宜	以 S_2 为例可能有	
		S_{2m} 表示水分限制	
		S_{2o} 表示通气性差	
		S_{2N} 表示养分状况差	
		S_{2e} 表示抗侵蚀差	S_{2e-1}、S_{2e-2}
		S_{2w} 表示土壤耕性差	
		S_{2x} 表示扎根条件差	
	S_3：勉强适宜		
N：不适宜	N_1：暂时不适宜		
	N_2：永久不适宜		

（1）土地适宜性纲

土地适宜性纲反映了土地的适宜性种类，表示土地对所考虑的特定利用方式评价为适宜（S）或不适宜（N）。适宜纲是指在此土地上按所考虑的用途进行持久利用预期产生的效益值得进行投资，而土地不会产生不可接受的破坏危险；不适宜纲是指土地质量显示不能按照所考虑的用途进行持久利用。

（2）土地适宜性级

土地适宜性级反映了纲内土地对某些利用方式的适宜程度，用阿拉伯字母按适宜性纲内的适宜程度递减顺序编列、级的数目没有具体规定，但最常见的是在适宜性纲内分出三类。

高度适宜类（S_1）：土地可持久利用于某种用途而不受限制或限制较小，不至于降低土地生产力或效益，不需要增加超出可承担水平的费用。

中等适宜类（S_2）：土地有限制性，持久利用于规定的用途，将中等程度降低生产力或效益，并增加投资及费用，但仍能获得利益。

勉强适宜类（S_3）：土地有严重限制性，对某种用途的持续利用影响是严重的，因此将降低生产力或效益，或需要增加投资，而这种投入从经济上说是勉强合理。

不适宜类纲通常可分为两类。

当前不适宜类（N_1）：当前不适宜，土地有限制性，但终究可加以克服，而在目前的技术和现行成本下，不宜加以利用，或由于限制性相当严重，以致在一定条件下不能确保对土地进行有效而持久的利用。

永久不适宜类（N_2）：永久不适宜，土地的限制性极为严重，以致在一般条件下根本不可能加以任何利用。

（3）土地适宜性亚级

土地适宜性亚级反映了级内限制性的种类或需改良措施的种类，用英文字母表示限制性类别，附在适宜性级符号后。对于 S_1 无适宜性亚级。限制性种类主要有侵蚀危害限制、水分限制、土壤养分限制、气候限制等。一般情况下，列出一个主要的限制性种类，但如果两个限制性同等重要，则均可列出。

（4）土地适宜性单元

土地适宜性单元反映的是亚级内经营管理的细小差别，同一亚级内所有单元在级这一层次具有相同程度的适宜性，在亚级层次内表现为相似的限制性，而在单元之间则存在生产特点或经营条件和管理要求的细微差别。适宜性单元用连接号后加一个阿拉伯数字来表示，在一个亚级内划分单元的数目不受限制。

联合国粮农组织这一土地适宜性评价系统既考虑了土地的自然属性，也考虑了土地利用方面的社会经济因素；在确定土地的用途及适宜性程度时，不仅考虑了现在的适宜性，也考虑了潜在的适宜性，对有关因素不只停留在定性的描述上，还确定出明确的数量指标。该系统注重从某一实际需要出发，针对特定的土地利用类型进行土地评价，因此，它被世界各国广泛采纳应用。

3. 基于 ArcGIS 平台的土地适宜性评价步骤

（1）建立评价数据基础

建立数字化底图，基于 1：25 万基础地理信息的等高线和高程点数据，在 ArcGIS 平台上生成 500m×500m 的 DEM 数据栅格图。在此基础上应用空间分析工具生成规划区域的坡度、糙度图。依据各因素的栅格图转换到统一尺度，包括土壤类型图、多年平均降水量和多年平均气温（图 3.8）。

（2）参评因子的选择与评价体系的确定

参评因子的选择是土地适宜性评价中建立合理指标体系的基础条件。选好参评因子是土地适宜性评价结果是否正确、合理的关键环节，它直接影响本次土地适宜性评价结果的科学性和准确性。选择参评因子应该依据以下 6 个原则。

1）主导性原则。从影响耕地质量的众多指标中选择制约耕地用途的主要因子，增强耕地质量评价的科学性和简洁性。

2）综合分析原则。耕地质量是各种自然因素、经济因素综合作用的结果，耕地分等定级应以对造成等级差异的各种因素进行综合分析为基础。

3）差异性原则。选择有明显差异，能够出现临界值的因子，客观地划分耕地。

4）不相容性原则。所选的指标体系能够尽量反映耕地的全部属性。因素间不能出现因果关系，避免重复评价。

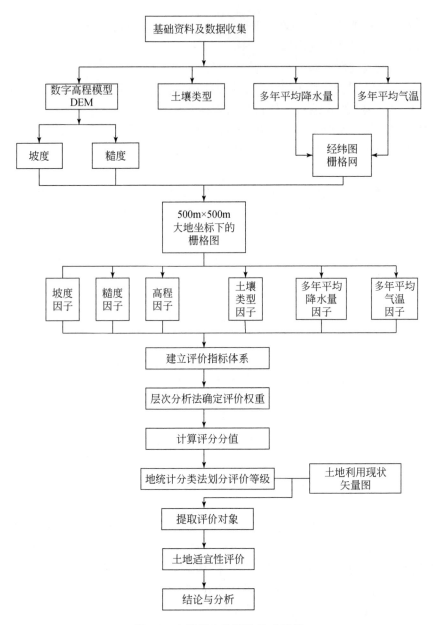

图 3.8　土地适宜性评价技术路线

5）可能性原则。指标的选择要具有实用性，即易于捕捉信息，并对其定量化处理。体系简单明了，便于理解和计算。

6）定量与定性相结合的原则。尽量把定性的、经验性的分析进行量化，以定量为主。对现阶段难以定量的因素采用必要的定性分析,将定性分析的结果运用于耕地分等定级工作中,以便提高农用地分等定级成果的精度。

根据湟水流域的实际情况,评价因子的选择应尽量选取影响最显著、最稳定的数据,对耕地、林地、园地、草地、居民及城镇建设用地的土地利用有直接影响的因子作为参评因子。考虑当地的具体特点、规划区域面积和制图精度与比例尺,评价因素不宜过多,避免烦琐。通过对规划区域的自然条件、社会条件、经济状况等各方面的综合调查,经过综合分析后选取评价因子。

(3)参评因子权重的确定与等级划分及赋分的计算

采用层次分析法确定各因子的权重值,建立层次结构,将土地适宜性等级作为目标层,把影响土地适宜性等级的因素作为准则层,再把影响准则层中各参评因子作为指标层。结合本规划区域详细的土地利用调查,及当地的实际情况,对参评因子重新划分等级,并赋予新的分值。

(4)评价单元的划分与单元分值的计算

划分评价单元原则:以土地质量均匀一致为原则划分土地适宜性评价的基本评价单元,各单元要尽量保证单元内土地质量、土地属性和利用方式的相对一致性。

1)划分评价单元方法:①以土壤类型图斑为评价单元(仅在土壤类型上取得相对一致);②以土地类型图斑为评价单元(没考虑土地利用因素);③以土地利用现状图斑为评价单元(所需特殊信息量不足,精度不高);④上述两种或多种图斑利用 ArcGIS 平台进行空间叠加,形成新的评价单元。

2)划分评价单元步骤:最终确定采取第4种划分评价单元的方法,在考虑土地利用因素的条件下,可先以土地利用现状图斑为初级单元,先保证各评价单元在土地利用方式上的相对一致性;后采用土地利用现状图斑与影响土地质量的参评因子分级图进行叠加(土地质量均匀一致的原则),求取最小图斑,以此作为最基本的评价单元。此时,各评价单元内土地利用方式、土地属性、土地质量是一致的。

(5)土地适宜性等级划分

根据土地适宜性评价体系,利用根据所选评价因素的分值乘上各自因素所占的权重,采用累加模型得到综合分值,最后再用地统计分类方法进行各适宜等级的划分,分为五级,如表3.8所示。

表3.8 土地单元适宜性等级划分

等级代码	S_1	S_2	S_3	S_4	N
等级	高度适宜级	中等适宜级	一般适宜级	临界适宜级	不适宜

3.2.2 评价结果

1. 不同土地利用类型

湟水流域在评价过程中，综合考虑 DEM、降水、气温、土壤、灌溉条件、坡度和糙度等因素建立评价指标体系。一方面，尊重生态演变的自然规律，根据天然林和人工林的分布情况（图 3.9），修正了林地的评价标准及等级划分；另一方面，根据城镇化进程、县城和城市的分布范围，调整居工地的评价标准及等级划分。经过综合评价得到各土地利用方式适宜性评价结果（表 3.9 和表 3.10；图 3.10～图 3.17）。

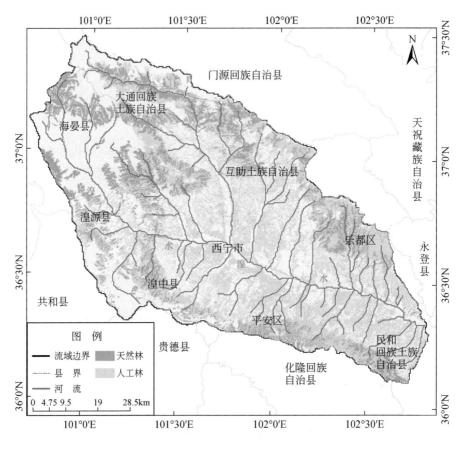

图 3.9 湟水流域天然林和人工林分布

结果表明：从不同的土地利用方式看，区域对于耕地适宜性以一般适宜性和临界适宜性为主，比例分别为 39.83% 和 34.42%，总的耕地适宜性比重占到了

97.92%，远超过了不适宜区域的 2.08%；林地中等适宜和一般适宜所占比例相对较高，分别为 30.34%、44.61%；草地以一般适宜和临界适宜为主，分别为 37.80%和 28.70%；居工地以一般适宜为主，为 35.83%，其次为高度适宜为 23.5%。

　　对比不同土地利用方式，区域对林地显示出最大的高度适宜性，达到 17.27%。其次居住地和草地，高度适宜性分别为 16.37%和 15.42%；对于耕地而言，高度适宜性区域所占比重很小，仅为 7.20%。

表 3.9　土地利用方式适宜性面积统计　　　　单位：km²

适宜性等级	耕地	林地	草地	居工地
不适宜级	73.19	52.04	233.07	26.76
临界适宜级	1209.44	411.59	1427.41	158.05
一般适宜级	1399.78	2662.21	1880.29	249.57
中等适宜级	578.74	1810.76	665.94	148.04
高度适宜级	253.03	1030.86	767.22	114.03

表 3.10　土地利用方式适宜性面积比例　　　　单位：%

适宜性等级	耕地	林地	草地	居工地
不适宜级	2.08	0.87	4.69	3.84
临界适宜级	34.42	6.90	28.70	22.69
一般适宜级	39.83	44.61	37.80	35.83
中等适宜级	16.47	30.34	13.39	21.26
高度适宜级	7.20	17.27	15.42	16.37

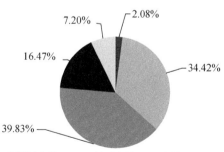

图 3.10　耕地适宜等级面积比例统计

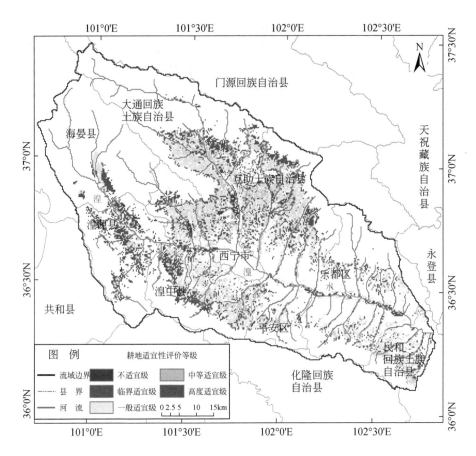

图 3.11　耕地适宜性评价

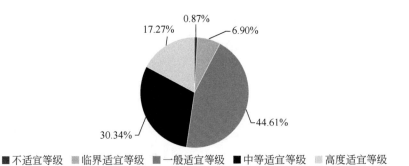

图 3.12　林地适宜等级面积比例统计

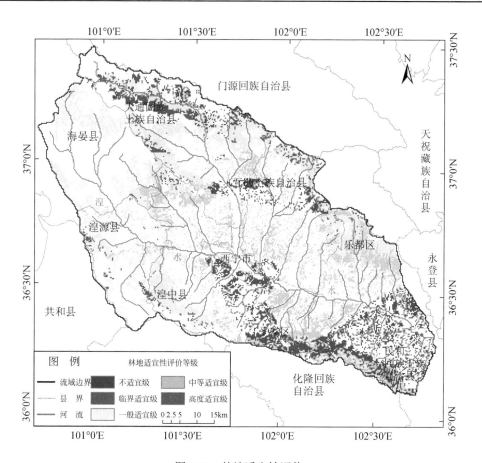

图 3.13 林地适宜性评价

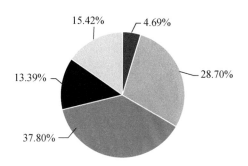

■ 不适宜等级 　■ 临界适宜等级 　■ 一般适宜等级 　■ 中等适宜等级 　■ 高度适宜等级

图 3.14 草地适宜等级面积比例统计

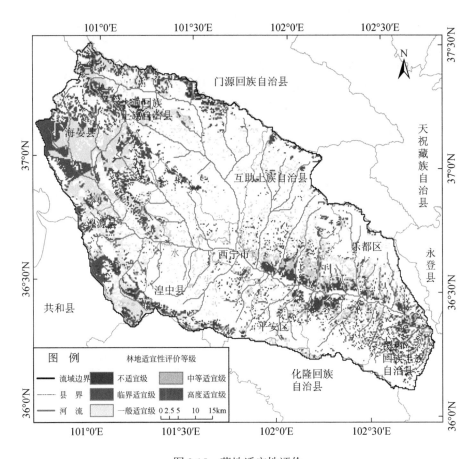

图 3.15　草地适宜性评价

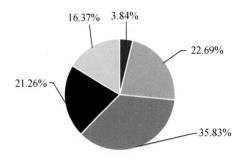

■ 不适宜等级　■ 临界适宜等级　■ 一般适宜等级　■ 中等适宜等级　■ 高度适宜等级

图 3.16　居工地适宜等级面积比例统计

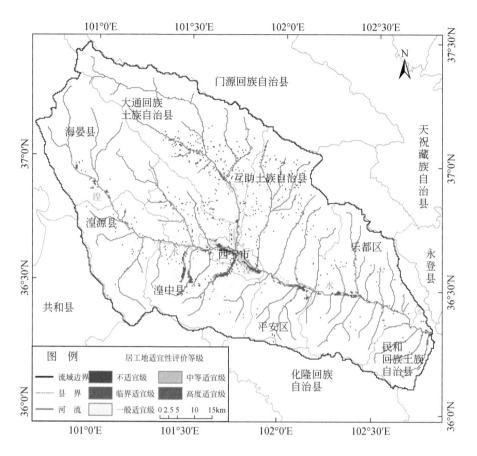

图 3.17 居工地适宜性评价

2. 流域整体分析

对于整个规划区域来说，高度适宜面积为 2164.75km²；中度适宜面积为 3203km²；一般适宜面积为 6191.69km²；临界适宜面积为 3207.5km²；不适宜面积为 385.9km²（图 3.18）。

综合土地适宜性评价结果来看，湟水流域干流河谷地区是"高度适宜"、"中等适宜"和"一般适宜"集中区；两侧山区和西南山区处于"临界适宜"和"不适宜"。

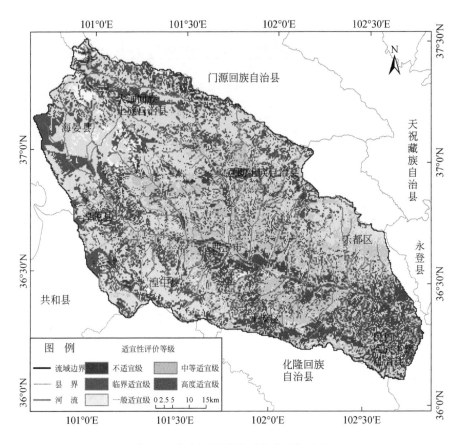

图 3.18 规划区域整体适宜度等级分布

3.3 "山水林田湖草"生命共同体生态优化布局

3.3.1 生态优化布局目标研究

"人的命脉在田,田的命脉在水,水的命脉在山,山的命脉在土,土的命脉在树和草!"

3.3.2 "山水林田湖草"优化布局方案

1. "林-草-田"优化布局方案

(1) 优化布局思路

在湟水流域,新生林对温度和水分的要求较高;与新生林地相比,草地的适宜性较好、适宜范围较广。因此,按照"宜居、保田、护林、调草"的原则,以不适宜地块"消失"和临界适宜地块面积最小为目标,开展湟水流域的"林-草-田-居"优化布局,形成一般适宜布局方案、中度适宜布局方案和高度适宜布局方案。其中,"宜居"是指将生活在不适宜居住的山区人民移到城镇及县城中生活;"保田"是指保持基本耕地红线不变;"护林"是指挑选并维护人工林正常生长的环境;"调草"是指为满足上述三个原则调整草地分布。具体如下:

A. 居工地

现状年居工地适宜性评价结果表明,不适宜等级和大部分临界适宜等级的居工地主要位于两侧山区,可就近将其转移至就近的乡镇和县城。将上述不宜居的地块单元转为适宜的林地或草地。

B. 耕地

现状年耕地适宜性评价结果表明,不适宜等级和大部分临界适宜等级的耕地主要位于两侧高山区。将上述不宜居的地块单元转为适宜的林地或草地。

C. 林地

对于林地来说,将自 1980 年以来的林地作为天然林,且降水能够满足其生长季生态需水过程,为"一般适宜"等级以上;其他林地为人工林,基于降水对生长季生态需水满足程度、现有及规划灌区分布情况,对人工林再次进行适宜性评价,提取处于"一般适宜"、"中度适宜"和"高度适宜"等级的人工林地;"临界适宜"和"不适宜"等级的人工林地需要更换为其他类型。

D. 草地

为维持整个坡面区域地块单元的完整性,草地作为替补"地块",根据方案需求进行调整。

(2)不同适宜等级优化布局方案

一般适宜布局,调整原则为将居工地和耕地土地适宜性评价等级中不适宜等级部分调整为临界适宜级以上等级,调整居工地和耕地不适宜面积为 26.76km^2 和 73.19km^2;中度适宜布局,调整原则为将居工地和耕地土地适宜性评价等级中不适宜等级部分和 1/4 临界适宜等级部分调整为一般适宜级以上等级,调整居工地和耕地面积分别为 58.77km^2 和 291.76km^2;高度适宜布局,调整原则为将居工地和耕地土地适宜性评价等级中不适宜等级部分和 1/2 临界适宜等级部分调整为一般适宜级以上等级,调整居工地和耕地面积分别为 97.04km^2 和 493.1km^2。经高等适宜布局调整,根据国家相关规定,居工地和耕地面积不变。同时,筛选出宜林宜草部分,高度适宜方案中将宜林宜草部分作为林地发展,一般适宜方案中将宜林宜草部分作为草地发展,中度适宜方案中根据就近原则,将宜林宜草部分一分为二,一部分用于发展林地,一部分用于发展草地。此外，高度适宜布局方案将林草地覆盖度均提高为最高级别，中度适宜布局将林草覆盖度在现状年基础上提高一个等级，一般适宜布局的林草地保持现状覆盖度级别。

经调整后，高度适宜方案中林地面积增加了 3540.73km^2，草地面积减少了 3540.73km^2，中度适宜方案中林地面积增加了 1735.06km^2，草地面积减少了 1735.06km^2，一般适宜方案中林地面积减小了 554.213km^2，草地面积减少了 554.213km^2（表 3.11 和表 3.12）。

表 3.11　不同等级方案下各土地利用面积

等级	面积/km^2		
	耕地	林地	草地
现状	3514.18	5967.46	4973.94
高度适宜	3514.18	9508.19	1433.21
中度适宜	3514.18	7702.524	3238.876
一般适宜	3514.18	5413.247	5528.153

表 3.12　不同等级方案构成及占比

等级	面积占比/%		
	耕地	林地	草地
现状	24.31	41.28	34.41
高度适宜	24.31	65.78	9.91
中度适宜	24.31	53.28	22.41
一般适宜	24.31	37.45	38.24

2."水-湖"优化布局方案

本次"水-湖"范围主要涉及考虑洪泛区的河流廊道、沼泽地、湖库和规划湿地四部分（图 3.19）。其中，①考虑洪泛区的河流廊道和湖库：将降水、天然径流量和大断面水位序列进行排频,选取 10%频率年份汛期的遥感影像,并对照 Google Earth 的实际河网，提取水域范围，进而得到考虑洪泛区的河流廊道和湖库范围；②沼泽地：从现状年土地利用类型分布图中提取；③规划湿地：包括西宁湟水国家湿地、互助南门峡国家湿地和乐都大地湾湿地等。

3."山水林田湖草"总体布局

在上述布局思路指导下，将林地、草地和宜林宜草地块单元各分为高、中和低覆盖度三种类型，依次获得高度适宜、中等适宜和一般适宜优化布局方案（表 3.13）。上述方案中，考虑洪泛区、沼泽、湿地和湖库的"水-湖"区域总面

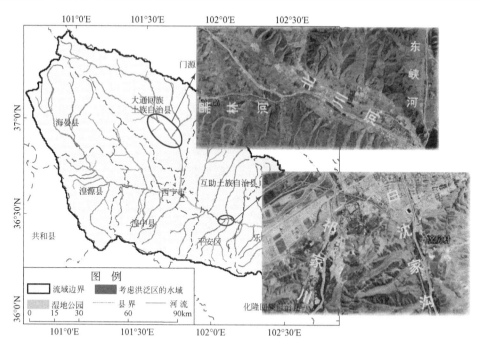

图3.19　考虑洪泛区的河流廊道范围与河网对比

积达到243.55km²。流域高度、中度、一般适宜布局方案如图3.20～图3.22所示。计算引黄济宁南岸供水区中灌溉农田和灌溉生态林内耕地和林地面积（表3.14），高度适宜布局方案和中度适宜布局方案均可满足引黄济宁南岸供水区中灌溉农田和灌溉生态林项目建设需求。

表3.13　不同优化布局方案构成　　　　　　　　　　单位：km²

土地利用类型	高度适宜	中度适宜	一般适宜
耕地	3514.18	3514.18	3514.18
林地（高）	9508.19	7322.94	2696.87
林地（中）	0	379.59	2512.83
林地（低）	0	0	203.55
草地（高）	1433.21	2987.77	2029.39
草地（中）	0	251.11	2932.48
草地（低）	0	0	566.28

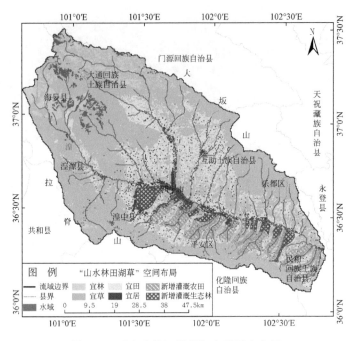

图 3.20 "山水林田湖草"高度适宜布局

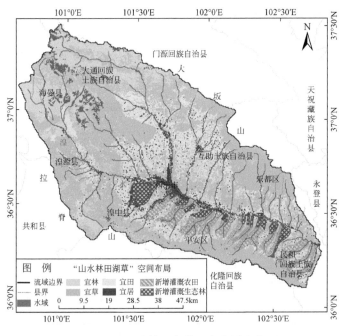

图 3.21 "山水林田湖草"中度适宜布局

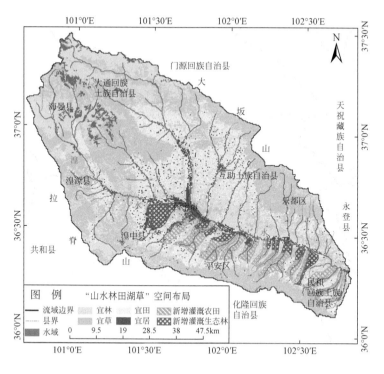

图 3.22 "山水林田湖草"一般适宜布局

表 3.14 不同布局方案下引黄济宁南岸灌区耕地和林地不同等级适宜面积 单位:km²

规划建设项目	高度适宜	中度适宜	一般适宜
灌溉农田中耕地面积/万亩	65.82	60.19	53.22
灌溉生态林中林地面积/万亩	78.82	78.75	36.39

3.4 本 章 小 结

与 20 世纪 80 年代相比,湟水流域林地和居民及城乡建设用地呈增加趋势;植被覆盖度和净初级生产力总体呈增加趋势;但是,景观破碎化程度增加,空间连续性处于减弱的趋势,且逐渐趋于均衡分布。基于现状土地适宜性评价结果,按照"宜居、保田、护林、调草"的原则,以不适宜地块"消失"和临界适宜地块面积最小为目标,开展湟水流域的"林-草-田"优化布局;"水-湖"主要涉及考虑洪泛区的河流廊道、沼泽地、湖库和规划湿地;综合两套方案,生成流域"山水林田湖草"高度适宜、中度适宜和一般适宜三个方案。其中,中度适宜和高度适宜方案可满足引黄工程新增项目区对林地和耕地的需求。

第4章　基于分布式水文-水动力-栖息地模型的河道内生态需水研究

4.1　分布式水文-水动力-栖息地模型

4.1.1　模拟框架

1. 建模思路

为建立统一物理机制的模型，在模拟开发过程中，需做到模拟要素过程统一、过程表达统一、参数统一、时空尺度统一四个统一。

模拟要素过程统一：是指在模拟过程中，考虑到模型耦合的需要和变化环境下生态水文的相互影响机制，尤其是能量流动、自然-社会水循环、水动力和水生态要素过程之间的作用关系，将各要素过程统一到各圈层中开展模拟。

过程表达统一：一方面是指对于所遴选的基本要素过程，选用的数学/物理方程要相同；另一方面是指对于各过程相互影响机制的描述和表达要统一。因此，在机理明确的基础上，进行恰当的公式化表达和描述，从而更加精确地实现陆面过程的模拟。

参数统一：首先表现在参数的物理内涵要统一；其次是指对于所搜集到的多源数据，由于监测方式、基位（天基、空基、地基、海基等）、时空尺度和精度的不一致，彼此之间存在较大的差距，不能直接进行应用，在数据输入模型进行模拟预测分析时，要注意进行多源数据的同化。

时空尺度统一：对于时间尺度统一，则应采用相关的时间尺度转化措施。与此同时，水文过程往往是以规则的单元格空间剖分；而对于水动力和水生态过程而言，则需要充分考虑到河段与单元格之间的关系。

2. 总体框架

在上述五统一物理机制下，构建湟水流域分布式水文-水动力-栖息地模型（图 4.1）。按照干支流的水文水动力联系和上下游关系，确定关键节点及断面，将流域剖分为多个子流域，每个子流域基于自然地理和下垫面条件调整关键参数。

在地形地貌、气候、土地利用和植被等数据驱动下，调用水文模块，模拟能量过程、自然水循环和社会水循环过程，获取关键断面天然径流和实际径流的日过程数据序列；在此基础上，调用水动力模块，模拟所有子流域中的河道内水动力过程，获取大断面径流-水位关系及水位日过程数据序列；在径流和水位的双重驱动下，调用栖息地模块，模拟具有敏感物种的河段水生态过程，计算组合适宜度指数，获取不同流量和水位下关键断面以上河段的加权可用栖息地面积。

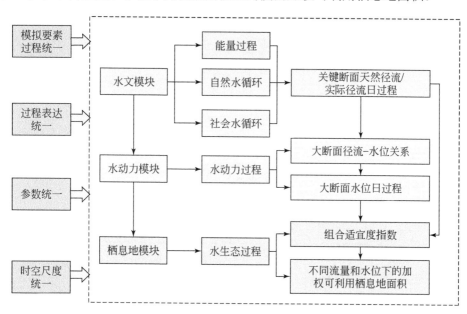

图 4.1　总体模拟框架

4.1.2　结构与原理

1. 水文模块

（1）结构

A. 水平结构

模型的空间计算单元采用正方形网格。耦合模型总体格网单元为 500m×500m。考虑网格内土地利用的不均匀性，在流域范围内，采用"马赛克"法，即把网格内的土地归成数类，分别计算各类土地类型的地表水热通量，取其面积平均值为网格单元的地表面水热通量。土地利用首先分为水域、裸地-植被域、不透水域三大类。裸地-植被域又分为裸地、草地、耕地、林地。基于植被功能类型对林地进行细化，分为热带常绿阔叶林、热带阔叶落叶林、温带常绿针叶林、温带常绿阔叶林、温带阔叶落叶林、北方常绿针叶林、北方落叶林和人工林。不透水域分为地表面与都市建筑物（图4.2）。另外，根据流域数字高程（DEM）及数字化实际河道等，设定网格单元的汇流方向来追迹计算坡面径流。而各支流及干流的河道汇流计算，根据有无下游边界条件采用一维运动波法或动力波法由上游端至下游端追迹计算。

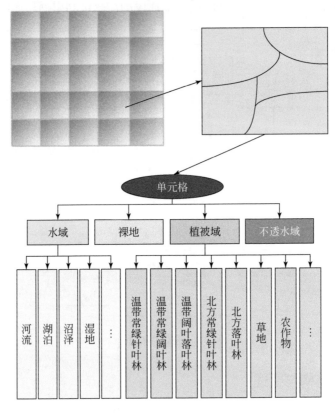

图4.2 模型水平结构

B. 垂向结构

模型基本计算单元内采用相同的垂向结构。在铅直方向，从上到下分别依次是大气层、植物截留层、地表洼地储留层、土壤表层、土壤中层、土壤底层、过渡带层、浅层地下水层、难透水层和深层地下水层（图4.3）。

（2）原理

重点关注能量流动、自然水循环和社会水循环过程。其中，能量流动侧重点模拟地表辐射过程、感热通量、潜热通量以及土壤热通量等；自然水循环侧重于

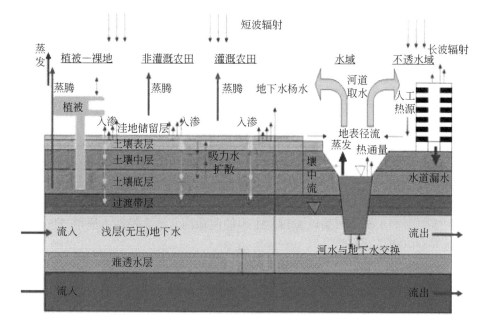

图 4.3 模型垂向结构

模拟积雪与融雪过程、冠层截留过程、植被蒸散发与土壤蒸发、土壤水过程、地下水过程、地表产流、坡面/河道汇流等水文过程,而社会水循环过程主要通过对取水、输水、用水、耗水、排水和再生水历史资料的统计(表 4.1)。

表 4.1 能量流动、自然水循环和社会水循环要素模拟方法

主线		要素过程	原理与模拟方法
能量流动		长波辐射	利用能量收支平衡定律计算植被和地表系吸收的辐射通量、冠层有效光合辐射通量;采用 two-stream 方法冠层辐射传输
		短波辐射	
		感热通量	根据冠层和地表能量平衡,计算①地表和植被的感热、潜热和动量粗糙系数;②地表和植被逸散通量的初值;③地表湿度变量
		潜热通量	
		土壤热通量	利用与土壤热容量、土层厚度及地表温度相关的函数计算土壤热通量
水循环	自然	积雪融雪	温度指标法
		地表产流	霍顿坡面产流和饱和坡面产流
		入渗	Green-Ampt 模型
		土壤水运动	Havercamp、Mualem 公式
		地下水运动	Bousinessq 方程、达西定律、储流函数法等

主线	要素过程		原理与模拟方法
水循环	自然	蒸散发	土壤与植被：计算空气动力学阻抗、温度和湿度阻抗以及叶片边界阻抗，以描述大气、冠层空气域、叶片和地表之间的水汽通量变化；水域：Penman-Monteith 公式
		坡面汇流	Kinematic Wave 模型
		河道汇流	Kinematic Wave 模型和 Dynamic Wave 模型
	人工	取-输-用-耗-排-再生水利用	历史资料的统计整理，按照权重分配

2. 水动力模块

本研究中的水动力模块以 MIKE21 中的河道内水动力模块为原型开展模拟，具体如下文所述。

（1）控制方程

对于水平尺度远大于垂直尺度的情况，由于水深、流速等水力参数沿垂直方向的变化比沿水平方向的变化要小得多，因此将三维流动的控制方程沿水深积分，并取水深平均，可得到沿水深平均的二维浅水流动质量和动量守恒控制方程组。其连续方程、X 和 Y 方向动量方程，可分别表示为

$$\frac{\partial \zeta}{\partial t} + \frac{\partial p}{\partial x} + \frac{\partial q}{\partial y} = \frac{\partial d}{\partial t} \tag{4.1}$$

$$\frac{\partial p}{\partial t} + \frac{\partial}{\partial x}\left(\frac{p^2}{h}\right) + \frac{\partial}{\partial y}\left(\frac{pq}{h}\right) + gh\frac{\partial \zeta}{\partial x} + \frac{gp\sqrt{p^2+q^2}}{C^2 gh^2} - \frac{1}{\rho_w}\left[\frac{\partial}{\partial x}(h\tau_{xx}) + \frac{\partial}{\partial y}(h\tau_{xy})\right]$$
$$-\Omega_q - fVV_x + \frac{h}{\rho_w}\frac{\partial}{\partial x}(p_a) = 0 \tag{4.2}$$

$$\frac{\partial p}{\partial t} + \frac{\partial}{\partial y}\left(\frac{p^2}{h}\right) + \frac{\partial}{\partial x}\left(\frac{pq}{h}\right) + gh\frac{\partial \zeta}{\partial x} + \frac{gp\sqrt{p^2+q^2}}{C^2 gh^2} - \frac{1}{\rho_w}\left[\frac{\partial}{\partial y}(h\tau_{yy}) + \frac{\partial}{\partial x}(h\tau_{xy})\right]$$
$$+\Omega_p - fVV_y + \frac{h}{\rho_w}\frac{\partial}{\partial y}(p_a) = 0 \tag{4.3}$$

式中，h 为水深，$h=d+\zeta$，其中 ζ、d 分别为水位和水深；p、q 分别为 x、y 方向上的流通通量，即单宽流量；C 为谢才系数；g 为重力加速度；Ω 为科氏力系数；ρ_w 为水的密度；V、V_x、V_y 为风速及在 x、y 方向上的分量；f 为风阻力系数。

（2）控制方程的数值离散

采用隐式交替方向（ADI）对模型连续方程和动量方程进行离散，各微分项

和重要系数均采用中心差分格式，防止离散过程中可能发生的质量和动量失真及能量失真，Tayor 级数展开的截断误差可达到二阶至三阶精度。模型网格布置，如图 4.4 所示。

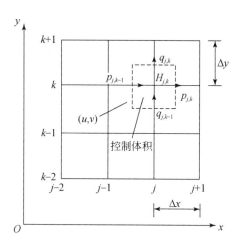

图 4.4　模型网格布置

1）X、Y 方向连续方程，可分别表示为

$$2\left(\frac{\zeta^{n+1/2}-\zeta^n}{\Delta t}\right)_{j,k}+\frac{1}{2}\left\{\left(\frac{p_j-p_{j-1}}{\Delta x}\right)^{n+1}+\left(\frac{p_j-p_{j-1}}{\Delta x}\right)^n\right\}_k$$
$$+\frac{1}{2}\left\{\left(\frac{q_k-q_{k-1}}{\Delta y}\right)^{n+1/2}+\left(\frac{q_k-q_{k-1}}{\Delta y}\right)^{n-1/2}\right\}_j=2\left(\frac{d^{n+1/2}-d^n}{\Delta t}\right)_{j,k} \tag{4.4}$$

$$2\left(\frac{\zeta^{n+1}-\zeta^{n+1/2}}{\Delta t}\right)_{j,k}+\frac{1}{2}\left\{\left(\frac{p_j-p_{j-1}}{\Delta x}\right)^{n+1}+\left(\frac{p_j-p_{j-1}}{\Delta x}\right)^n\right\}_k$$
$$+\frac{1}{2}\left\{\left(\frac{q_k-q_{k-1}}{\Delta y}\right)^{n+3/2}+\left(\frac{q_k-q_{k-1}}{\Delta y}\right)^{n-1/2}\right\}_j=2\left(\frac{d^{n+1}-d^{n+1/2}}{\Delta t}\right)_{j,k} \tag{4.5}$$

对动量方程逐项给出离散格式，此处仅给出 x 方向动量方程格式，y 方向动量方程离散格式类似，不再列出。

2）时间偏导项，可表示为

$$\frac{\partial p}{\partial t} \approx \left(\frac{p^{n+1}-p^{n}}{\Delta t}\right)_{j,k} \tag{4.6}$$

3）重力项，可表示为

$$gh\zeta_x \approx g\left(\frac{h_{j,k}+h_{j+1,k}}{2}\right)^{n}\left(\frac{\zeta_{j+1,k}-\zeta_{j,k}}{\Delta x}\right)^{n+1/2} \tag{4.7}$$

4）对流项，可分别表示为

$$\frac{\partial}{\partial x}\left(\frac{pp}{h}\right) \approx \left[\frac{(p_{j+1}+p_j)^{n+1}}{2} g \frac{(p_{j+1}+p_j)^{n}}{2} g \frac{1}{h_{j+1}^{n}} - \frac{(p_j+p_{j-1})^{n+1}}{2} g \frac{(p_j+p_{j-1})^{n}}{2} g \frac{1}{h_j^{n}}\right]_k g \frac{1}{\Delta x} \tag{4.8}$$

$$\frac{\partial}{\partial y}\left(\frac{pq}{h}\right) \approx \left[\left(\frac{p_{k+1}^{a}+p_k^{b}}{2}\right) g v_{j+1/2,k}^{n+1/2} - \left(\frac{p_k^{a}+p_{k-1}^{b}}{2}\right) g v_{j+1/2,k-1}^{n+1/2}\right] g \frac{1}{\Delta y} \tag{4.9}$$

5）底床阻力项，可表示为

$$\frac{gp\sqrt{p^2+q^2}}{C^2H^2} = \frac{gp_{j,k}^{n+1}\sqrt{p^{*2}+q^{*2}}}{C^2H^{*2}} \tag{4.10}$$

其中，

$$p^* = p_{j,k}^{n} \tag{4.11}$$

$$q^* = \frac{1}{8}(q_{j,k}^{n-1/2} + q_{j+1,k}^{n-1/2} + q_{j+1,k-1}^{n-1/2} + q_{j,k}^{n+1/2} + q_{j,k-1}^{n+1/2} + q_{j+1,k-1}^{n+1/2}) \tag{4.12}$$

$$H^* = \begin{cases} H_{j,k}^{n} & \text{当} \quad p^* \geqslant 0 \\ H_{j-1,k}^{n} & \text{当} \quad p^* < 0 \end{cases} \tag{4.13}$$

6）风阻力项中的各值已知，可用 Smith 和 Banke 方法计算风阻力系数，计算式为

$$f_w = \begin{cases} f_0 & W < W_0 \\ f_0 + \dfrac{W-W_0}{W_1-W_0}(f_1-f_0) & W_0 \leqslant W < W_1 \\ f_1 & W \geqslant W_1 \end{cases} \tag{4.14}$$

其中，f_0=0.00063，W_0=0，f_1=0.0026，W_1=30。

科氏力项，可表示为 $\Omega q = \Omega q^*$

（3）有限差分方法

A. 空间差分方法

模型采用 ADI 逐行法对连续及动量方程分别进行时空上的积分，每个方向及每个单独的网格线产生的方程矩阵用追赶法求解。各个差分项在交错网格中的分布示意图，如图 4.5 所示。

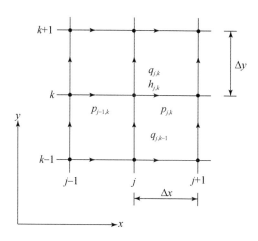

图 4.5　各差分项在交错网格中的分布示意图

B. 时间中心差分方法

时间中心差分方法示意图，如图 4.6 所示。

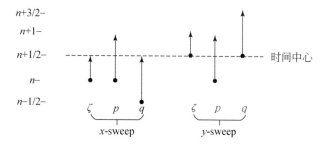

图 4.6　时间中心差分格式示意图

将 1 个时间步长中心差分，分为 x-sweep（t 从 n 至 n+1/2）和 y-sweep（t 从 n+1/2 至 n+1）。方程采用一维推进方式，x-sweep 方向求解 x 连续方程和 x 动量方程时，ζ 从 n 至 n+1/2，q 从 n 至 n+1，p 为已知的 n-1/2 至 n+1/2 的值。

时间中心差分形式是在 x-sweep 之后，立刻进行 y-sweep 的循环求解，由于对动量方程中的交叉项求解很难找到一个合适的时间中心，因此，对动量方程中的交叉项求导采用 side-feedind 差分方式。其差分方式示意图如图 4.7 所示。

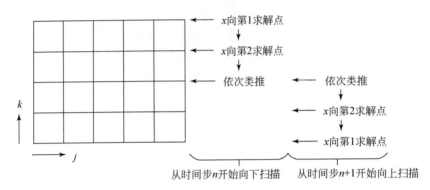

图 4.7　side-feedind 差分方式示意图

在 1 个时间步长，x-sweep 采用沿 y 轴负方向求解，称为"down" sweep；在下个时间步长 x-sweep 采用沿 y 轴正方向求解，称为"up" sweep。sweep 计算循环示意图，如图 4.8 所示。

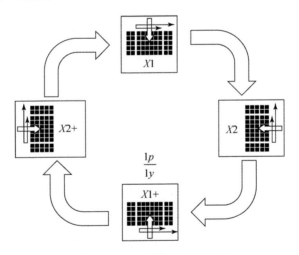

图 4.8　sweep 计算循环示意图

（4）初始条件

模型计算的初始条件有 3 种：①恒定流初始值在整个模块区域从静止状态开始，即当 $t=0$ 时，取流速和水位为某一定值 $u=v=\text{const}$，$\zeta=\text{const}$。②对模拟区域内各网格点或区域指定不同初始水位和流速。③"热启动"方式，即利用之前计算结果作为本次计算的初始条件。该方法利用已获得的比较合理的模拟区域水动力状况作为初始条件，可使后续计算能较快达到稳定，提高计算效率。

（5）边界条件

A. 自由表面边界条件

自由表面风在 x 方向和 y 方向上对水面的剪切应力，可分别表示为

$$\tau_{sx} = f\rho|W|W_x, \quad \tau_{sy} = f\rho|W|W_y \tag{4.15}$$

式中，f 为风阻力系数；ρ 为空气密度；W_x、W_y 分别为风速矢量 W 在 x 方向和 y 方向上的分量。

B. 底床边界条件

底床边界条件主要考虑底床摩擦应力项，在 x 方向和 y 方向上的形式，可分别表示为

$$\tau_{bx} = C_f(u^2 + v^2)\frac{u\rho}{\sqrt{u^2 + v^2}} \tag{4.16}$$

$$\tau_{by} = C_f(u^2 + v^2)\frac{v\rho}{\sqrt{u^2 + v^2}} \tag{4.17}$$

C. 固壁边界

利用岸壁法，取法向不可入条件，即法向流速为零。

D. 开边界

可采用边界水（潮）位过程或流速过程，即按边界网格线方向，求得流速分量 u 和 v，然后再纳入过程计算。若已知边界入流或出流流量过程，也可以采用流量边界条件进行计算。按水（潮）位过程或流量过程的计算，其表达式为：$\zeta = \zeta(t)$，$\overline{V} = \overline{V}(t)$ 或 $Q = Q(t)$。

E. 动边界

模型区域内边滩随着水位变化而存在淹没和露滩交替现象，具有可移动边界的特点。对于此类边界可采用干湿点判别法对动态边界水域进行处理，即在水位下降出现露滩时，计算中去除相应网格；当潮位上升淹没时，计算中添加相应网格。如果流速点处的总水深小于临界水深，此点为"干点"，流速值取为 0；如果流速点处的总水深增加至大于临界水深值，则此点再变为"湿点"，取计算的流速值。为提高模型计算的稳定性，一般从干到湿的临界水深值要略大于从湿到干的临界水深值。当计算网格水位点周围所有 4 个流速点均为"干点"时，则此网格按露滩处理。

3. 栖息地模块

本研究中的栖息地模块选取 PHABSIM 模型为原型,其是 IFIM 法(instream flow incremental methodology)的重要技术平台,在河流物理栖息地模拟、生态需水评估等研究中应用较广。该模型包括水动力模块及栖息地模块两部分。其中,水动力模块用于计算指定河道断面的水力学特征(水深及流速分布)。以下简要介绍 PHABSIM 模型提供的多种水力参数计算方法。

PHABSIM 模型提供了 IFG4 法、MANSQ 法、WSP 法用以推估水位,其中 IFG4 法假定河道内流速、水深呈指数关系,并通过实测数据推求回归方程的参数。

MANSQ 法在利用断面糙率及均匀流方程式推求河流水位,其计算公式为

$$Q = A \frac{1}{n} R^{\frac{2}{3}} S_0^{\frac{1}{2}} = \frac{1}{n} \cdot f(H) \cdot A \tag{4.18}$$

WSP 法利用缓变流水面公式,从下游到上游逐一计算各断面水位,该方法多用于水库或闸坝的回水区水面计算。

PHABSIM 模型提供了已知速度检定法、速度回归检定法、水深检定法三种方法用以推估断面流速分布,分别适用于有 1 组断面实测流速分布、有两组及两组以上断面实测流速分布及完全没有断面实测流速值三种情况。

栖息地模块则在水力学模块计算成果的基础上,结合目标物种栖息地适宜度曲线,得到横断面各分区的栖息地适宜度指数,进而计算河段的加权可利用面积。

$$\text{WUA} = \sum_{i=1}^{n} F\left[f(V_i), f(D_i), f(C_i)\right] \times A_i \tag{4.19}$$

式中,A_i 为第 i 分区的水面面积,$f(V_i)$ 为第 i 分区的流速适宜度指数,$f(D_i)$ 为第 i 分区的水深适宜度指数,$f(C_i)$ 为第 i 分区的底质适宜度指数。$F[\ ]$ 为组合适应度指数(CSF),该指数有 4 种确定方法,分别为

乘积法:

$$\text{CSF} = f(V_i) \cdot f(D_i) \cdot f(C_i) \tag{4.20}$$

几何平均法:

$$\text{CSF} = \left[f(V_i) \cdot f(D_i) \cdot f(C_i)\right]^{1/3} \tag{4.21}$$

最小值法:

$$CSF = \min\left[f(V_i) \cdot f(D_i) \cdot f(C_i)\right] \qquad (4.22)$$

加权平均法：

$$CSF = k_v f(V_i) + k_d f(D_i) + k_c f(C_i) \qquad (4.23)$$

式中，k_v、k_d、k_c 为流速、水深、底质适宜度指数的权重，其和为 1。

4.1.3　数据输入与处理

1. 水文模块

输入数据类型包括：基本地形数据、气象数据、土壤数据、行政数据、土地利用数据和水文数据等（表 4.2、图 4.9 和图 4.10）。

表 4.2　数据类型及来源

数据类型	主要数据	来源	存在问题
基本地形数据	高程	全国基础地理信息系统	1：25 万
气象数据	气温	中国气象共享数据网	利用与流域相关的站点生成泰森多边形，选取 6 个气象站
	相对湿度		
	风速		
	降水		
	日照时数		
土壤数据	土壤类型	土壤普查数据、中国土壤数据库	根据中国土壤数据库土壤类别重分类
行政数据	市级行政区划	国家基础地理中心	无
土地利用数据	土地利用类型	全国土地利用数据	使用 20 世纪 80 年代及 2005 年两期土地利用
水文数据	水文站信息、水库信息、水文站径流量	青海市水利厅提供	选取 7 个站开展校验

2. 水动力模块

水动力模块需要水文（径流和已知断面的水位实测数据）和基本地形数据（断面和河网水系）进行驱动（表 4.3）。

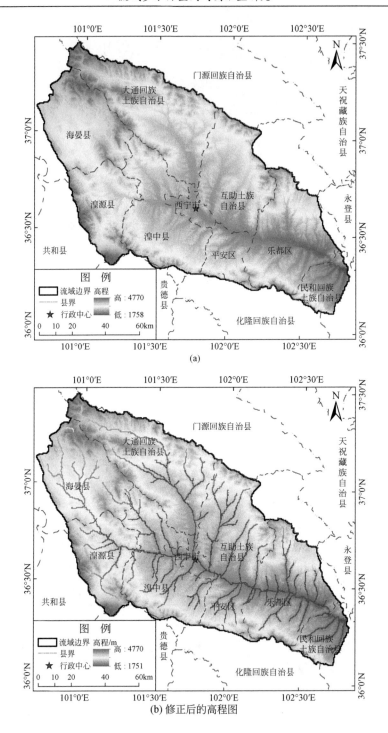

(a)

(b) 修正后的高程图

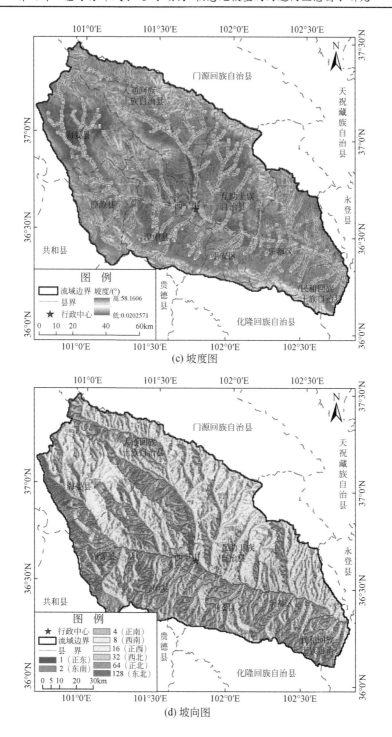

(c) 坡度图

(d) 坡向图

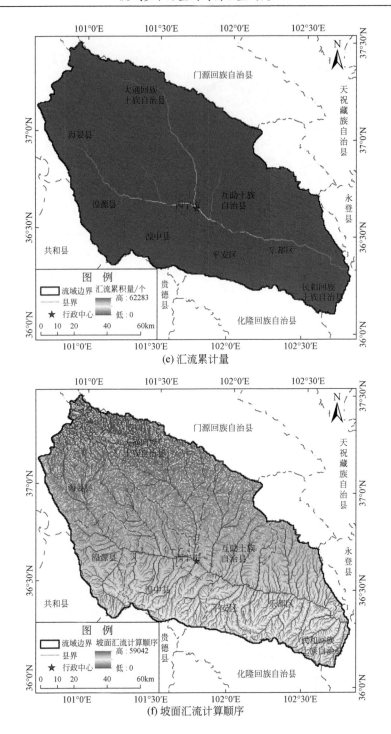

(e) 汇流累计量

(f) 坡面汇流计算顺序

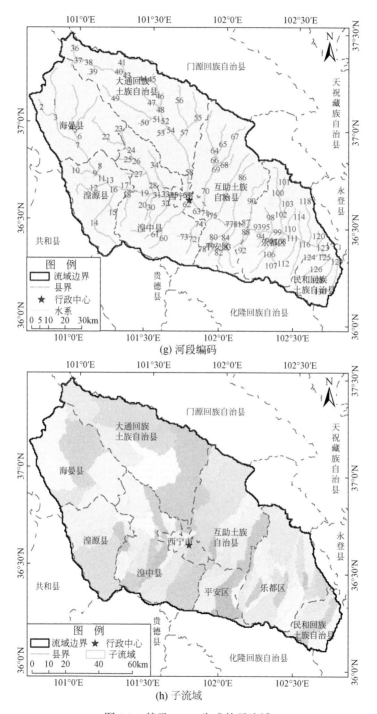

(g) 河段编码

(h) 子流域

图 4.9　基于 DEM 生成的子流域

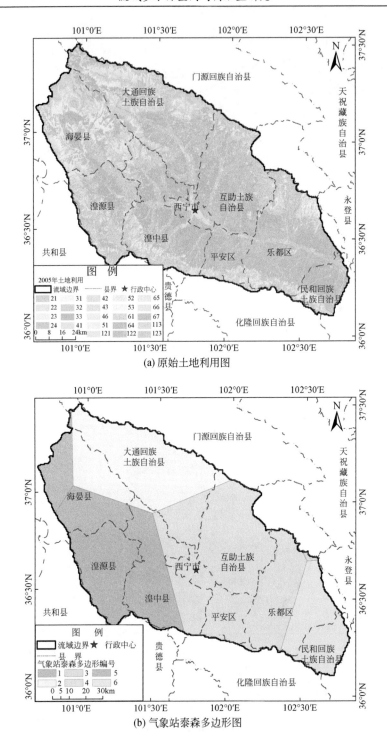

(a) 原始土地利用图

(b) 气象站泰森多边形图

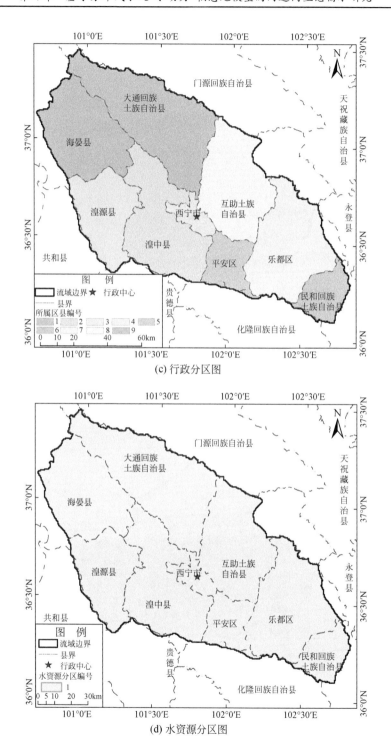

(c) 行政分区图

(d) 水资源分区图

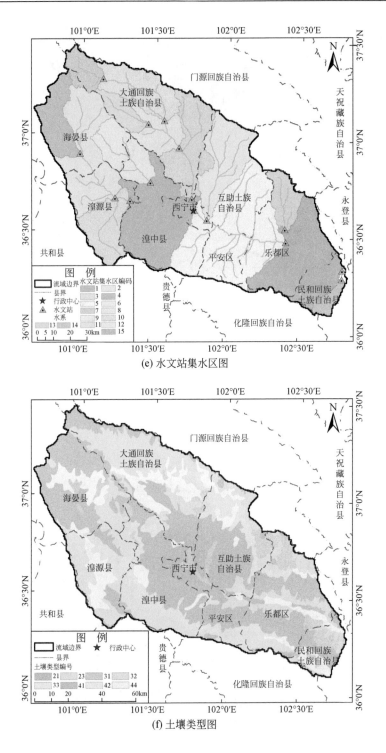

(e) 水文站集水区图

(f) 土壤类型图

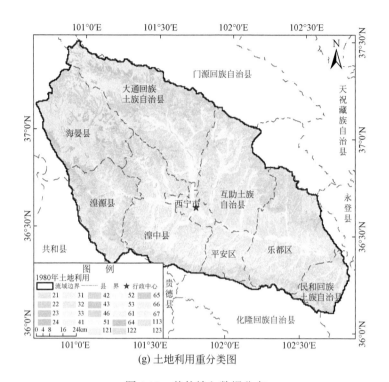

(g) 土地利用重分类图

图 4.10　其他输入数据分布

表 4.3　水动力模块主要数据

数据类型	主要数据	来源	用途
水文数据	水文站径流	水文模块输出	①边界条件
	河道水位	水文局	②率定与验证
地形数据	河道断面	水文局	①河网文件
	河流水系	Google Earth	②断面文件

　　湟水河流域山区河流较多,上游没有明显的渠道,以天然渠道为主,流经城镇的河流渠道进行衬砌和硬化。由于收集到的断面资料有限,故而对河道进行概化处理,没有断面数据的地方通过 Google Earth 进行估测,如图 4.11 所示。

　　根据项目需求和实际情况,选取主要干支流作为模型的模拟对象。本次共涉及一条干流(湟水河)和 48 条支流,以及 130 余个断面。最后将河网数字化,并结合断面资料概化河道如图 4.12 所示。

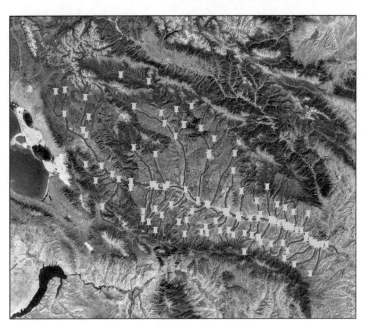

图 4.11　湟水河流域河道断面

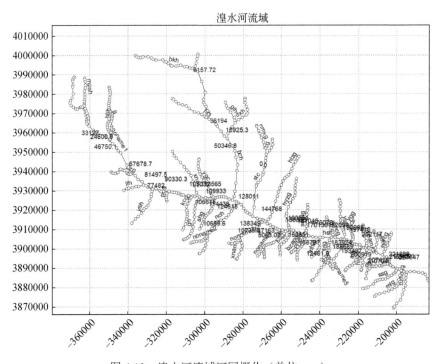

图 4.12　湟水河流域河网概化（单位：m）

3. 栖息地模块

主要包含河流断面资料、流量、水位、流速与栖息地度指数等数据（表 4.4、图 4.13、图 4.14）。其中，断面流量-水位关系数据来源于水动力模型输出数据。干流 5 个断面资料来自青海省水文局，支流水文站 11 个断面来自 2016 年水文年鉴，其余断面均为概化。

表 4.4　栖息地模块主要输入数据

数据类型	主要数据	来源	用途
水文数据	断面流量-水位关系数据	水文局；水动力模块成果	边界条件；率定与验证
地理数据	河道断面数据	水文局、Google Earth、水文年鉴	断面信息
适宜度数据	水深、流速与栖息地适宜度指数关系	相关文献、动物志	边界条件

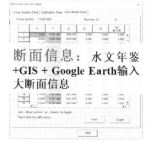 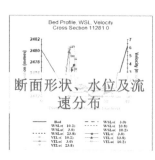 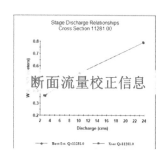

图 4.13　断面信息

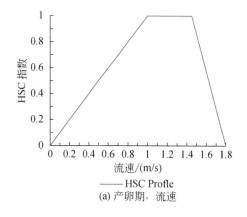 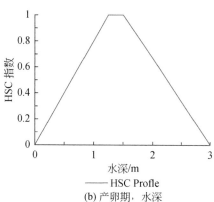

(a) 产卵期，流速　　　　　(b) 产卵期，水深

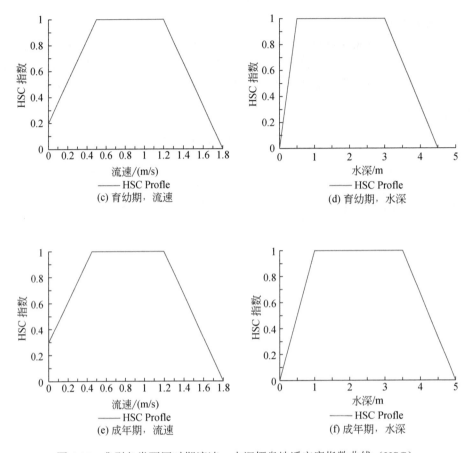

图 4.14　典型鱼类不同时期流速、水深栖息地适宜度指数曲线（HSC）

4.1.4　模型校验

1. 径流

综合考虑降水-径流的关系、水文序列长度、干流及支流的生态水文特征和数据合理性等因素，最终选取石崖庄站（干流上游）、西纳川站（支流西纳川）、桥头站（支流北川河上游）、朝阳站（支流北川河下游）、西宁站（干流中游）、八里桥站（支流引胜沟下游）和民和站（干流下游）七个站点对流域的水文过程进行校验（图 4.15）。采用 M-K 方法对流域 10 年滑动平均面降水量进行突变分析，选取 1985 年为突变点，即率定期和校验期的分界点（图 4.16）。

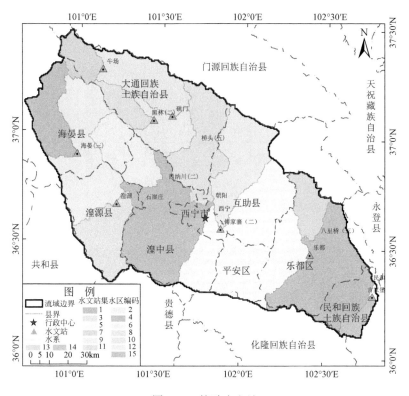

图 4.15　校验水文站

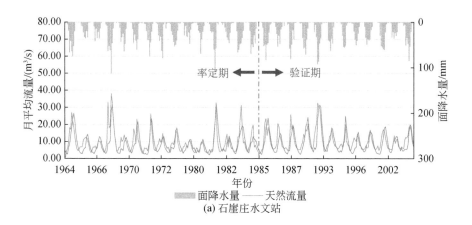

(a) 石崖庄水文站

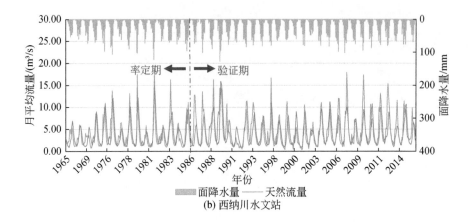

(b) 西纳川水文站

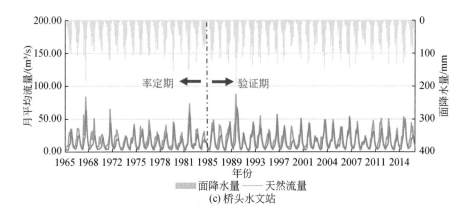

(c) 桥头水文站

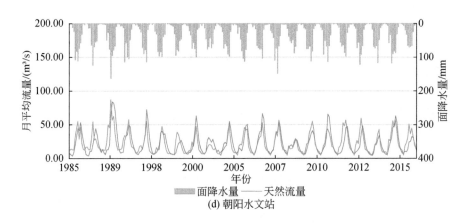

(d) 朝阳水文站

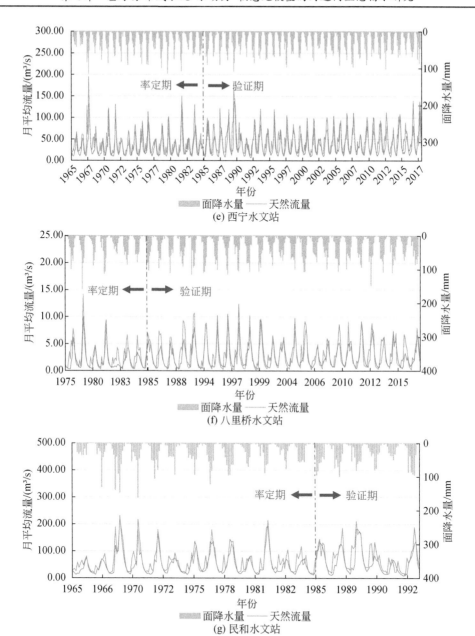

图 4.16 石崖庄、西纳川、桥头、朝阳、西宁、八里桥和民和水文站率定及校验过程

结果表明：除石崖庄外，率定期纳什系数均在 0.6 以上，相关系数均在 0.85 以上，相对误差 20%左右；校验期纳什系数在 0.4 以上，相关系数在 0.5 以上，相对误差控制在 20%左右（表 4.5）。

表 4.5　西宁站、民和站和桥头站水文站率定及校验结果一览表

站点	参数	率定期（1985 年前）	校验期（1985 年后）
石崖庄站	纳什（NSE）	0.53	0.4
	相关系数（R^2）	0.80	0.81
	相对误差/%	-13.9	-15.63
西纳川站	纳什（NSE）	0.74	0.53
	相关系数（R^2）	0.88	0.76
	相对误差/%	-0.7	-7.58
桥头站	纳什（NSE）	0.66	0.66
	相关系数（R^2）	0.88	0.86
	相对误差/%	-23.71	-14.94
朝阳站	纳什（NSE）	—	0.62
	相关系数（R^2）	—	0.84
	相对误差/%	—	-5.84
西宁站	纳什（NSE）	0.68	0.52
	相关系数（R^2）	0.86	0.83
	相对误差/%	-14.37	-13.5
八里桥站	纳什（NSE）	0.64	0.60
	相关系数（R^2）	0.87	0.83
	相对误差/%	-27.76	-5.4
民和站	纳什（NSE）	0.63	0.54
	相关系数（R^2）	0.86	0.84
	相对误差/%	-16.23	-20.28

2. 水位

水动力模块选取 2015 年为率定期，2016 年为验证期，时间尺度为日尺度。将干流有水位数据的湟源、西宁及乐都水文站作为模型的校验站。通过模拟结果建立所需断面的径流-水位关系。

通过调整河道参数，计算模拟各校验站的水位值。模型计算结果与率定期（2015 年）的相关系数、相对误差及纳什系数如表 4.6 和图 4.17 所示。

表 4.6　模拟期各站点模拟值与实测值模拟结果表

站点	相关系数	相对误差/%	纳什系数
湟源站	0.98	0.49	0.9
西宁站	0.97	5.41	0.94
乐都站	0.91	3.25	0.82

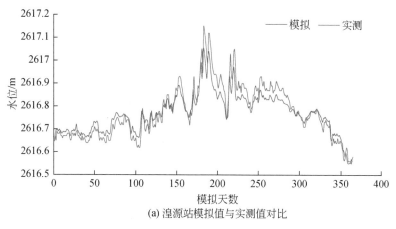

(a) 湟源站模拟值与实测值对比

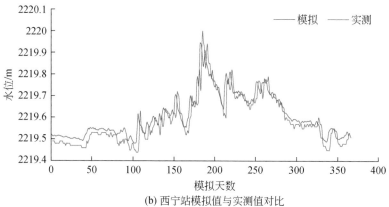

(b) 西宁站模拟值与实测值对比

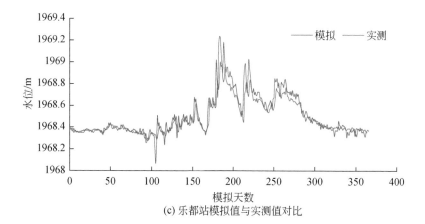

(c) 乐都站模拟值与实测值对比

图 4.17　率定期结果

用率定期的参数模拟 2016 年河道水位情况。模型计算结果与验证期（2016 年）的相关系数、相对误差及纳什系数如表 4.7 和图 4.18 所示。由于西宁站 2016 年修建市区段河道绿道景观建设项目，因而水被导流至旁边的渠道内，主断面的流量与水位不正常，导致该站的模拟效果不好。

表 4.7　验证期各站点模拟值与实测值模拟对比结果

站点	相关系数	相对误差/%	纳什系数
湟源站	0.9	0.8	0.65
西宁站	-0.03	1.71	0.2
乐都站	0.79	0.38	0.96

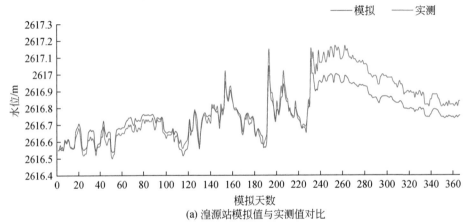

(a) 湟源站模拟值与实测值对比

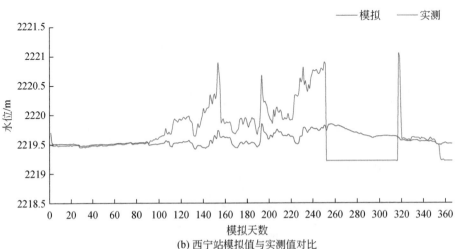

(b) 西宁站模拟值与实测值对比

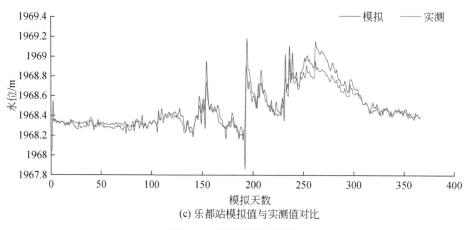

(c) 乐都站模拟值与实测值对比

图 4.18　验证期模拟结果

3. 栖息地面积

通过对湟水流域河道形态特征及河流水生物种（特别是鱼类）的分布情况的分析，并查阅相关文献资料，将湟水流域分为北川河—湟水干流河段、盘道沟河段、沙塘川河段（图 4.19 和表 4.8），其中北川河—湟水干流河段选定了 4 个断面，

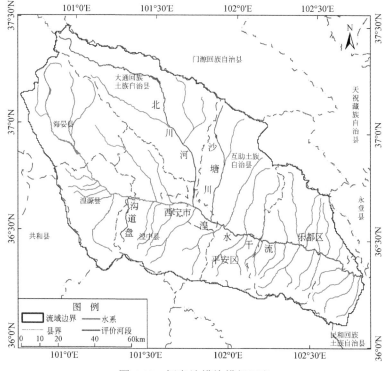

图 4.19　栖息地模块模拟河段

根据历史的天然径流数据以及 MIKE 21 模拟的水位—流量关系，选定了 3 个校准流量，分别为 20.8m³/s、40.8m³/s 及 90.2m³/s。校准流量用于 PHABSIM 模型水动力模块的校验，通过调整模型中河道断面各单元的糙度以及水力参数计算方法，使得各断面不同校验流量下的观测水位与模型模拟水位的绝对误差小于 0.02m，相对误差小于 10%。选定了 3 个模拟流量，分别为 10m³/s、60m³/s 和 120m³/s，用于模拟多种不同流量下的组合适宜度指数（CSF）和加权可利用栖息地面积（WUA）。盘道沟河段选定了 2 个断面，校准流量分别为 0.45m³/s、1.12m³/s 和 3.36m³/s，模拟流量为 10m³/s、20m³/s 和 30m³/s；沙塘川河段选定了 3 个断面，校准流量分别为 3.34m³/s、10.6m³/s 和 19.58m³/s，模拟流量为 2m³/s、30m³/s 和 40m³/s。通过 PHABSIM 模型的模拟，得到了 3 个河段，不同流量下典型鱼类（黄河雅罗鱼）不同时期栖息地分布情况。

表 4.8　河流分段、断面、校准流量和模拟流量信息

河段	断面	校准流量/（m³/s）	模拟流量/（m³/s）
北川河—湟水干流	4 个（水动力模块中编号 125 断面、民和、西宁、朝阳）	20.8、40.8、90.2	10、60、120
盘道沟	2 个（水动力模块中编号 13、14 断面）	0.45、1.12、3.36	10、20、30
沙塘川	3 个（水动力模块中编号 81、83 断面、傅家寨）	3.34、10.6、19.58	2、30、40

（1）北川河—湟水干流河段

A. 组合适宜度指数（CSF）

总体来看，产卵期典型鱼类（图 4.20）随着河道流量的增加（10～120m³/s），较小的组合适宜度指数（图中颜色为蓝色，组合适宜度指数介于 0～0.094）所占据的范围越来越大，说明随着流量的增加，民和站至西宁站干流河道，特别是图中纵坐标为 50000～100000m（纵坐标为距民和站断面的距离）的河道组合适宜度指数越来越小，当流量为 40.8m³/s 时，已经不再适宜作为典型鱼类的产卵场。育幼期典型鱼类（图 4.21）的组合适宜度指数的分布及变化与产卵期类似，这与两个时期的栖息地适宜度指数曲线类似有关。育幼期的组合适宜度指数随着流量的增加逐渐变小，图中纵坐标为 50000～100000m 的河道组合适宜度指数变化较为显著，且当流量增加到 40.8m³/s 时，已经不再适宜作为典型鱼类的育幼场。成年期典型鱼类（图 4.22）栖息地适宜度指数曲线中最适宜的水深和流速都变大，以至于图中纵坐标为 50000～100000m 的河道中，组合适宜度指数介于 0.435～0.560（颜色为黄色和橘色）的面积随着流量的增大逐渐增多，当流量增加到 60m³/s 时，面积占比达到最大值；纵坐标为 0～50000m 的河道中，组合适宜度指数介于 0.56～0.684（颜色为橙色和红色）的面积也随着流量的增大逐渐增多，当流量增加到

60m³/s 时，大于 0.435 的组合适宜度指数所占面积达到最大值，成年期栖息地面积将达到最大值。

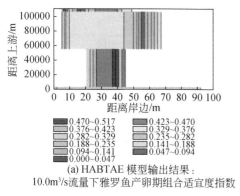

(a) HABTAE 模型输出结果：
10.0m³/s流量下雅罗鱼产卵期组合适宜度指数

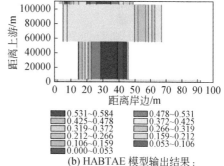

(b) HABTAE 模型输出结果：
20.8m³/s流量下雅罗鱼产卵期组合适宜度指数

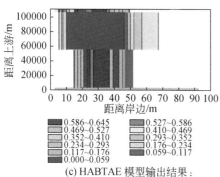

(c) HABTAE 模型输出结果：
40.8m³/s流量下雅罗鱼产卵期组合适宜度指数

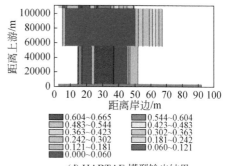

(d) HABTAE 模型输出结果：
60.0m³/s流量下雅罗鱼产卵期组合适宜度指数

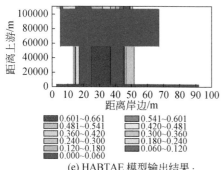
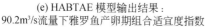

(e) HABTAE 模型输出结果：
90.2m³/s流量下雅罗鱼产卵期组合适宜度指数

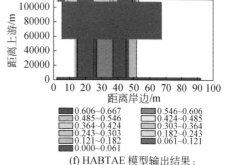

(f) HABTAE 模型输出结果：
120.0m³/s流量下雅罗鱼产卵期组合适宜度指数

图 4.20　不同流量下的北川河—湟水干流河段典型鱼类产卵期组合适宜度指数（CSF）

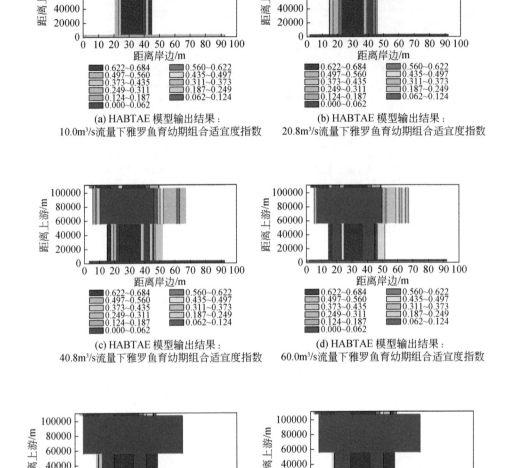

(a) HABTAE 模型输出结果：
10.0m³/s流量下雅罗鱼育幼期组合适宜度指数

(b) HABTAE 模型输出结果：
20.8m³/s流量下雅罗鱼育幼期组合适宜度指数

(c) HABTAE 模型输出结果：
40.8m³/s流量下雅罗鱼育幼期组合适宜度指数

(d) HABTAE 模型输出结果：
60.0m³/s流量下雅罗鱼育幼期组合适宜度指数

(e) HABTAE 模型输出结果：
90.2m³/s流量下雅罗鱼育幼期组合适宜度指数

(f) HABTAE 模型输出结果：
120.0m³/s流量下雅罗鱼育幼期组合适宜度指数

图 4.21　不同流量下的北川河—湟水干流河段典型鱼类育幼期组合适宜度指数（CSF）

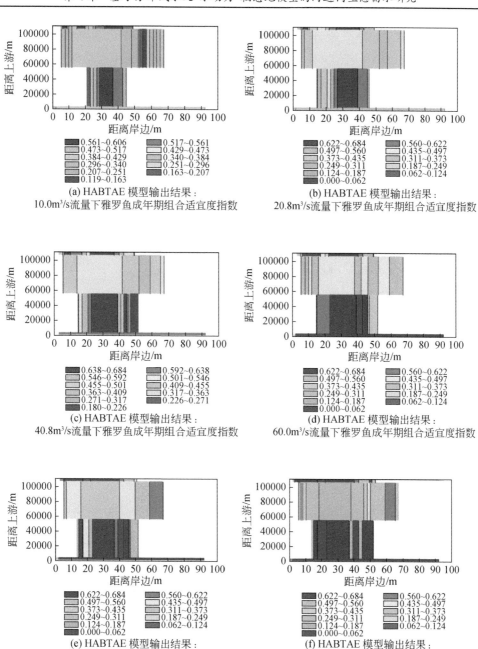

(a) HABTAE 模型输出结果：
10.0m³/s流量下雅罗鱼成年期组合适宜度指数

(b) HABTAE 模型输出结果：
20.8m³/s流量下雅罗鱼成年期组合适宜度指数

(c) HABTAE 模型输出结果：
40.8m³/s流量下雅罗鱼成年期组合适宜度指数

(d) HABTAE 模型输出结果：
60.0m³/s流量下雅罗鱼成年期组合适宜度指数

(e) HABTAE 模型输出结果：
90.2m³/s流量下雅罗鱼成年期组合适宜度指数

(f) HABTAE 模型输出结果：
120.0m³/s流量下雅罗鱼成年期组合适宜度指数

图 4.22　不同流量下的北川河—湟水干流河段典型鱼类成年期组合适宜度指数（CSF）

B. 加权可利用栖息地面积（WUA）

从模型得到的不同流量下典型鱼类不同时期加权可利用栖息地面积（WUA）的结果来看（图4.23和表4.9），产卵期WUA随着流量的增加逐渐增加，流量为20.8m³/s时，WUA最大为18647.04m²/km，然后随着流量的进一步加大，由于适宜于作为鱼类产卵场的滩地的水深和流速也大于适宜度指数曲线的要求，鱼类产卵场的WUA逐渐变小。具有同样变化规律的还有鱼类的育幼期，在流量为20.8m³/s时，WUA达到最大值，为23918.92m²/km。与上面两个时期不同，鱼类成年期最适宜的流速和水深较大，当流速达到60m³/s时，成年期的WUA才达到最大值，为26700.59m²/km。根据大量的文献调研，可通过图4.23求得最小生态流量，对生态调度规则进行调整，其中产卵期大约为4～5月份，因此这几个月份的最适宜生态流量为20.8m³/s，由于总存在处于育幼期和成年期的鱼类，因此其他月份最适宜生态流量为20.8～60m³/s。

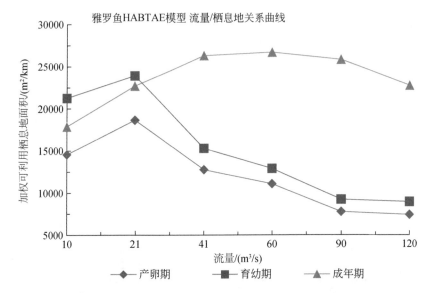

图4.23 北川河—湟水干流河段不同时期物理栖息地模拟结果

表4.9 不同流量下北川河—湟水干流河段加权可利用栖息地面积（WUA）

流量大小/（m³/s）	不同时期加权可利用面积/（m²/km）		
	产卵期	育幼期	成年期
10	14564.80	21265.95	17893.42
20.8	18647.04	23918.92	22687.64

流量大小/（m³/s）	不同时期加权可利用面积/（m²/km）		
	产卵期	育幼期	成年期
40.8	12767.87	15308.00	26314.28
60	11094.91	12904.27	26700.59
90.2	7792.54	9243.84	25819.81
120	7428.53	8949.79	22747.79

（2）盘道沟河段

A. 组合适宜度指数（CSF）

总体来看，产卵期典型鱼类（图 4.24）随着河道流量的增加（0.45～30m³/s），组合适宜度指数逐渐增大，后又减小，当流量增加到 10m³/s 时，组合适宜度指数大于 0.5 的区域所占面积达到最大；当流量增加到 30m³/s 时，组合适宜度指数小于 0.045 的区域（图中蓝色区域）占据了大部分河道，只有少部分滩地适合作为产卵场。育幼期（图 4.25）的组合适宜度指数同样随着流量的增加，先变大后变小，与产卵期不同，育幼期最大的适宜度指数出现在流量为 20m³/s 时，可以看出绝大部分河道的组合适宜度指数都大于 0.676（图中红色部分）。成年期（图 4.26）组合适宜度指数的变化规律与育幼期类似，在流量达到 20m³/s 时，该河段河道大部分区域的适宜度指数都大于 0.675（图中红色部分）。

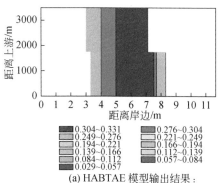

(a) HABTAE 模型输出结果：
0.4m³/s 流量下雅罗鱼产卵期组合适宜度指数

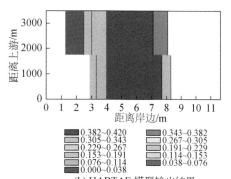

(b) HABTAE 模型输出结果：
1.1m³/s 流量下雅罗鱼产卵期组合适宜度指数

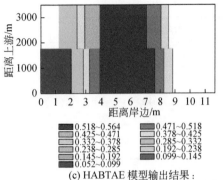

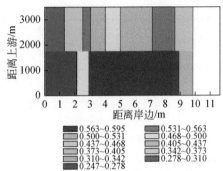

(c) HABTAE 模型输出结果：
3.4m³/s流量下雅罗鱼产卵期组合适宜度指数

(d) HABTAE 模型输出结果：
10.0m³/s流量下雅罗鱼产卵期组合适宜度指数

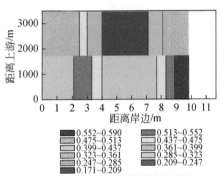

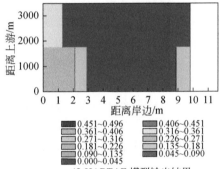

(e) HABTAE 模型输出结果：
20m³/s流量下雅罗鱼产卵期组合适宜度指数

(f) HABTAE 模型输出结果：
30.0m³/s流量下雅罗鱼产卵期组合适宜度指数

图 4.24 不同流量下的盘道沟河段典型鱼类产卵期组合适宜度指数（CSF）

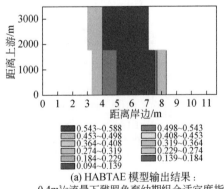

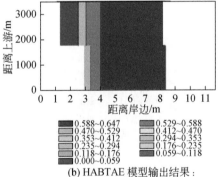

(a) HABTAE 模型输出结果：
0.4m³/s流量下雅罗鱼育幼期组合适宜度指数

(b) HABTAE 模型输出结果：
1.1m³/s流量下雅罗鱼育幼期组合适宜度指数

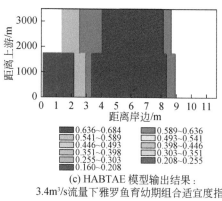

（c）HABTAE 模型输出结果：
3.4m³/s流量下雅罗鱼育幼期组合适宜度指数

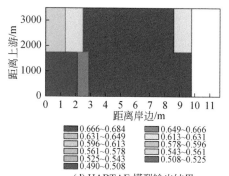

（d）HABTAE 模型输出结果：
10.0m³/s流量下雅罗鱼育幼期组合适宜度指数

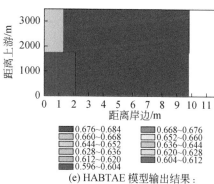

（e）HABTAE 模型输出结果：
20m³/s流量下雅罗鱼育幼期组合适宜度指数

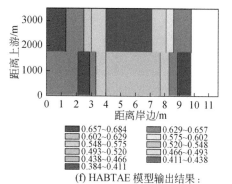

（f）HABTAE 模型输出结果：
30.0m³/s流量下雅罗鱼育幼期组合适宜度指数

图 4.25　不同流量下的盘道沟河段典型鱼类育幼期组合适宜度指数（CSF）

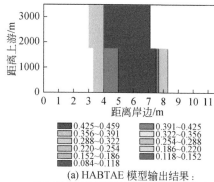

（a）HABTAE 模型输出结果：
0.4m³/s流量下雅罗鱼成年期组合适宜度指数

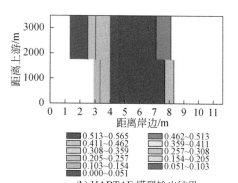

（b）HABTAE 模型输出结果：
1.1m³/s流量下雅罗鱼成年期组合适宜度指数

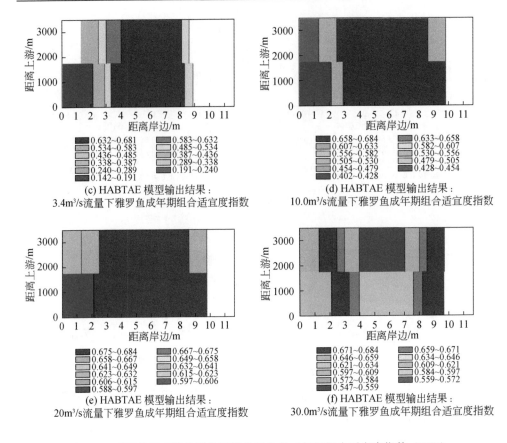

(c) HABTAE 模型输出结果：
3.4m³/s流量下雅罗鱼成年期组合适宜度指数

(d) HABTAE 模型输出结果：
10.0m³/s流量下雅罗鱼成年期组合适宜度指数

(e) HABTAE 模型输出结果：
20m³/s流量下雅罗鱼成年期组合适宜度指数

(f) HABTAE 模型输出结果：
30.0m³/s流量下雅罗鱼成年期组合适宜度指数

图 4.26　不同流量下的盘道沟河段典型鱼类成年期组合适宜度指数（CSF）

B. 加权可利用栖息地面积（WUA）

从模型模拟的结果来看（图 4.27 和表 4.10），产卵期 WUA 随着流量的增加逐渐增加，流量为 10m³/s 时，WUA 最大，为 5053.89m²/km，然后随着流量的进一步加大，由于适宜于作为鱼类产卵场的滩地的水深和流速也大于适宜度指数曲线的要求，鱼类产卵场的 WUA 逐渐变小。育幼期和成年期的 WUA 具有同样变化规律，流量为 20m³/s 时，WUA 达到最大值，分别为 7644.82m²/km 以及 7553.58m²/km，然后随着流量的增加逐渐减小。根据大量的文献调研，可通过图 4.27 求得最小生态流量，对生态调度规则进行调整，其中产卵期大约为 4～5 月份，这几个月份的最适宜生态流量为 10m³/s，由于总存在处于育幼期和成年期的鱼类，其他月份最适宜生态流量为 20m³/s。

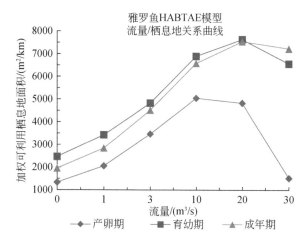

图 4.27　盘道沟河段不同时期物理栖息地模拟结果

表 4.10　不同流量下盘道沟河段加权可利用栖息地面积（WUA）

流量大小/（m³/s）	不同时期加权可利用面积/（m²/km）		
	产卵期	育幼期	成年期
0.45	1342.94	2471.04	1959.46
1.12	2064.35	3432.95	2850.4
3.36	3472.12	4836.73	4526.77
10	5053.89	6903.28	6589.6
20	4838.56	7644.82	7553.58
30	1525.65	6568.75	7239.67

（3）沙塘川河段

A. 组合适宜度指数（CSF）

总体来看，产卵期典型鱼类（图 4.28）随着河道流量的增加（2~40m³/s），组合适宜度指数逐渐增大，后又减小，当流量增加到 10.6m³/s 时，河道中组合适宜度指数大于 0.473 的区域所占面积达到最大；当流量增加到 40m³/s 时，组合适宜度指数小于 0.048 的区域（图中蓝色区域）占据了大部分河道，只有很少一部分滩地适合作为产卵场（图中红色部分）。

育幼期（图 4.29）的组合适宜度指数同样随着流量的增加，先变大后变小，与产卵期一样，当流量增加到 10.6m³/s 时，育幼期组合适宜度指数最大，可以看出绝大部分河道的组合适宜度指数都大于 0.51。

成年期（图 4.30）组合适宜度指数的变化规律与其他时期类似，但其最大的组合适宜度指数出现在流量为 30m³/s 时，此时河道大部分区域的适宜度指数都大于 0.484。

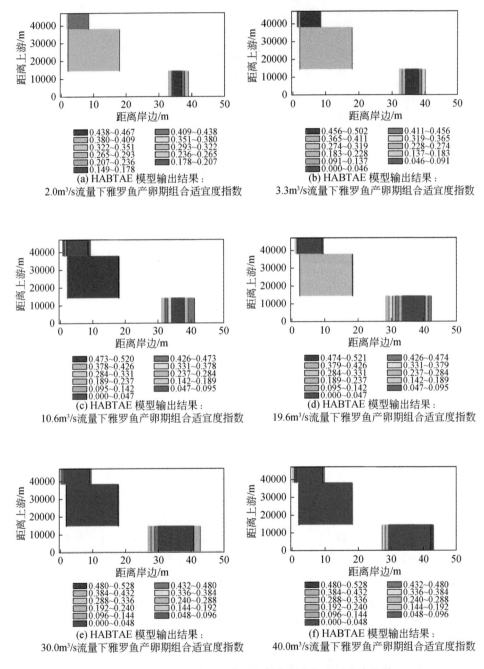

图 4.28　不同流量下的沙塘川河段典型鱼类产卵期组合适宜度指数（CSF）

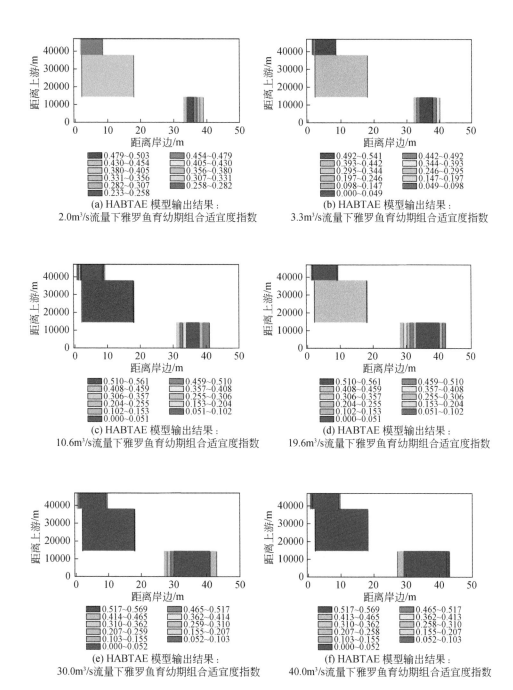

图 4.29　不同流量下的沙塘川河段典型鱼类育幼期组合适宜度指数（CSF）

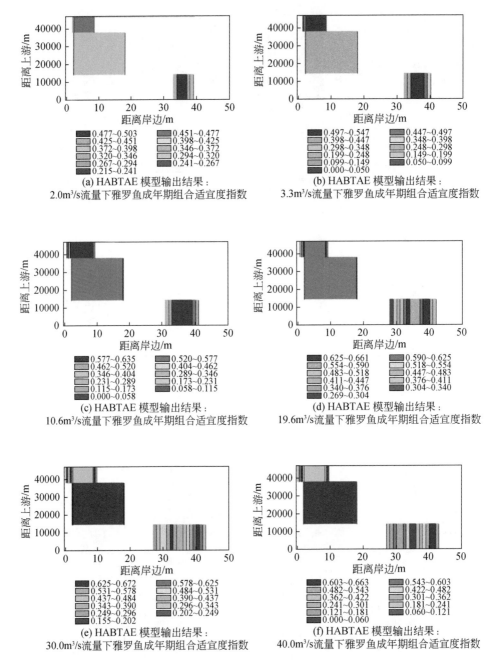

图4.30 不同流量下的沙塘川河段典型鱼类成年期组合适宜度指数（CSF）

B. 加权可利用栖息地面积（WUA）

从模型模拟的结果来看（图 4.31 及表 4.11），产卵期和育幼期 WUA 随着流量的增加逐渐增加，流量为 $10.6m^3/s$ 时，WUA 都达到最大值，分别为 $4904.80m^2/km$ 和 $5332.18m^2/km$，然后随着流量的进一步加大，由于适宜的滩地的水深和流速也大于适宜度指数曲线的要求，鱼类栖息地的 WUA 逐渐变小。成年期的 WUA 同样也随着流量的增加而先增后减，当流量为 $30m^3/s$ 时，WUA 达到最大值，为 $8790.64m^2/km$。根据大量的文献调研，可通过图 4.31 求得最小生态流量，对生态调度规则进行调整，其中产卵期大约为 4～5 月，因此这几个月的最适宜生态流量为 $10.6m^3/s$，由于总存在处于育幼期和成年期的鱼类，因此其他月份最适宜生态流量介于 $10.6～30m^3/s$ 之间。

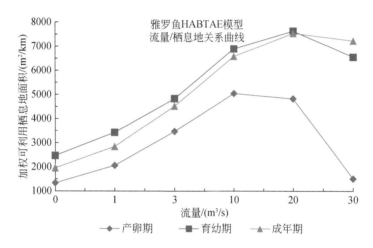

图 4.31　沙塘川河段不同时期物理栖息地模拟结果

表 4.11　不同流量下沙塘川河段加权可利用栖息地面积（WUA）

流量大小/（m^3/s）	不同时期加权可利用面积/（m^2/km）		
	产卵期	育幼期	成年期
2	3879.77	4599.80	4593.43
3.34	4653.45	5239.03	5239.66
10.6	4904.80	5332.18	7053.48
19.58	4290.14	4669.77	8295.26
30	727.24	811.15	8790.64
40	641.44	722.76	7950.93

4.2 河道内生态需水评价思路与方法

4.2.1 模型校验

如图 3.32 所示,以流域分布式水文-水动力-栖息地模型为关键支撑技术,模拟区域各子流域的径流过程、水位及栖息地面积的变化,识别径流过程对水位的影响、径流-水位对栖息地的影响;以此为基础,结合野外调研、已有水生生态勘测成果和相关文献资料,确定敏感生态物种,及其不同适宜等级的流量、流速和水位需求;构建考虑敏感物种的不同适宜等级生态需水月过程评价方法,即分别核算不同适宜等级的生态基流和敏感生态需水月过程,取二者的最大值,作为该河段的生态需水量。

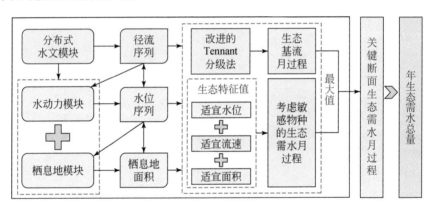

图 4.32 基于数值模拟的生态需水月过程核算思路

4.2.2 评价方法

1. 不同适宜等级生态需水月过程评价方法

基于上述数值模拟得到的流量-水位-栖息地面积关系,本研究融合传统Tennant 法和敏感物种生态需水核算方法,提出一种考虑敏感物种的不同适宜等级生态需水月过程评价方法,即针对每个河段,取每个月生态基流和敏感物种生态需水的最大值,分级给出高度适宜、较高适宜、中度适宜、一般适宜和不适宜的生态需水量。基于分布式水文模块模拟出来的各河流关键断面流量、水动力模块模拟的水位和栖息地模块模拟的有效利用面积,建立流量-水位关系曲线以及水位河宽-栖息地面积关系,进而得到不同适宜等级下的水位、河宽和栖息地有效利用面积。综上，该方法可得到流域不同断面（尤其是无监测资料）生态需水所满足的基本生态特征，包含流速、流量、水位、河宽和栖息地有效利用面积。考虑河道内生态基流和敏感物种的不同适宜等级生态需水月过程评价方法具体如下。

（1）考虑河道内生态基流的不同适宜等级生态需水月过程评价方法

Tennant 法由美国专家 Tennant 和美国鱼类和野生动物保护协会于 1976 年共同开发的一种标准设定法，依据观测资料建立的流量和河流生态环境状况之间的经验关系，用历史流量资料确定年内不同时段的生态环境需水量。在生态水文模型支撑下，采用改进的 Tennant 法核算河道内生态基流，即以各子流域水文站及出口断面的多年平均天然流量百分率作为推荐流量，表征维持河道生物栖息地生存的不同适宜等级生态流量。参考传统 Tennant 法的推荐流量百分比，基于野外调研和已有水生态调查成果，确定流域不同适宜等级的流量百分比（表 4.12）。

表 4.12　不同适宜等级下的推荐流量百分比　　　　　　　　单位：%

适宜等级	推荐流量百分比 （鱼类繁殖期，4～7 月）	推荐流量标准百分比 （鱼类生长期，8 月至翌年 3 月）
高度适宜	>60	>60
较高适宜	50～60	45～60
中度适宜	45～50	30～45
一般适宜	10～45	10～30
不适宜	<10	<10

（2）考虑敏感物种的不同适宜等级生态需水月过程评价方法

可依据野外勘测和类似流域的同类鱼种生存习性，确定河道内敏感物种在不同时期对水位和流速的不同需求，在分布式水文-水动力-栖息地模型支撑下，结合关键大断面的物理特征，核算各物种在年内各月对流速、流量、水位和栖息地有效利用面积的需求，综合得到流域内各河段的生态需水月过程。

2. 年生态需水总量和生态缺水量的确定方法

基于近 50 年以上的水文过程，对比分析敏感物种存活阶段或有历史记录时的关键断面水位和流量，以此作为生态需水月过程的等级选取标准，得到符合实际的月生态需水量。在此基础上，将每个月的生态需水量进行累加，合计得到不同断面的年生态需水量。基于流域年径流过程演变，确定整个研究区的来水频率即典型年，采用不同断面该来水频率下年径流量扣除其自身的年生态需水总量，得到生态缺水量。

4.3 湟水干流河道内生态需水评价

湟水流域内共对 42 条河流进行了生态需水核算，其中，干流选取湟源、石崖庄、西宁、乐都和民和断面进行评价；南岸选取 25 条支流，北岸选取 16 条支流，各河段的关键断面如图 4.33 所示。

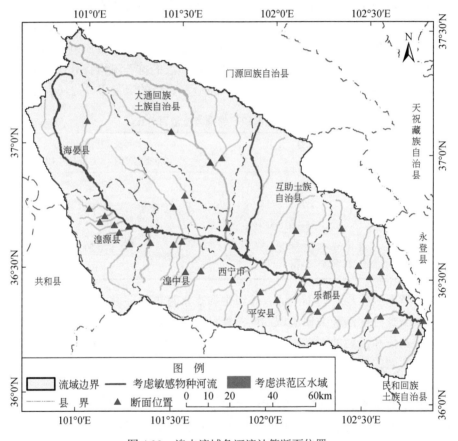

图 4.33　湟水流域各河流计算断面位置

4.3.1 干流生态保护目标分析识别

根据《青海省引大济湟水生生物监测报告》，拟鲇高原鳅被列入《中国濒危动物红皮书》（1998）和《中国物种红色名录》（2004），同时被列入《中国物种红色名录》还有黄河雅罗鱼、刺鮈、厚唇裸重唇鱼。因此，黄河雅罗鱼、拟鲇高原鳅、刺鮈和厚唇裸重唇鱼为该流域的重点保护濒危物种，其中拟鲇高原鳅和厚唇裸重唇鱼在 2008～2010 年间有捕获到（李云成等，2017），黄河雅罗鱼和刺鮈虽已 10 余年未见，但是 50 年内可见的均作为敏感物种。上述 4 种鱼类均在干流有分布，具体习性如下所述。

（1）黄河雅罗鱼

黄河雅罗鱼属于雅罗鱼，别名白鱼（图 4.34（a））。体长侧扁；吻尖；口端位，口裂倾斜而宽大，上颌较下颌稍长；唇薄，无角质边缘；眼较小，位于头的前半部，眼后头长大于合并后缘珐吻端距离。头背部较平扁，头后部至背鳍起点较平直，略呈弧形；下咽齿主行较细长，端部弯曲，呈钩状；鳃耙短小，排列稀；鳞中等大，薄而圆，银白色。腹部鳞较体侧鳞小；侧线前部向下弯成弧形，向后伸至尾柄正中轴。喜栖息在河口、小河、渠道等较静的水体内，捕获后易死亡。寻杂食食性，经水生昆虫、桡足类为主要食料，亦摄食水生高等植物如硅藻、绿藻等。青海省西宁市各干支流，以及贵德、民和等地。中国河南省西部直达青海共和曲沟一带黄河干支流常见。

（2）拟鲇高原鳅

拟鲇高原鳅属高原鳅属，别名拟鲇条鳅、似鲇条鳅等（图 4.34（b））。体长，头部和躯干宽阔而扁平，尾柄细圆，末端略扁；头大，扁平；眼小，位于头的侧上方；鼻孔稍近眼前，前后鼻孔紧邻，前鼻孔呈短管状；口大，下位，呈弧形；唇肉质，下唇具细皱褶；须 3 对，吻须达眼前，颌须达到或超过眼后缘；下颌匙状；体裸露无鳞；侧线完全而直；背鳍末根不分枝鳍条稍硬，上半部软；腹鳍起点与背鳍起点相对或稍后，末端接近或达到肛门；尾鳍凹陷，上叶稍长；背侧棕褐色，背部和侧部具暗褐色斑纹。喜栖息于河汉或湖泊入口流缓处。游泳迟缓，常潜伏于底层，以小型鱼类为主要食物，食植物碎屑。每年 7～8 月份产卵。产于我国黄河上游干支流。

(a) 黄河雅罗鱼　　　　　　　　　　　　　(b) 拟鲇高原鳅

图 4.34　湟水流域重点保护濒危物种（一）

（3）刺鮈

刺鮈属刺鮈科，别名金片子、槽肚子（图4.35（a））。体较高而侧扁，背鳍前部较隆起，腹部圆，尾柄粗短；头短而尖，头长通常小于体高；吻尖，呈锥形，吻长稍短于眼后头长；口下位，呈弧形，唇简单，无乳突；眼小，侧上位，眼间宽平。口角须一对，较长，末端可超过前鳃盖骨后缘。背鳍最后不分枝鳍条为一光滑的硬刺，端部柔软，其长度较头长为短。胸鳍长，个体较小者末端可伸达腹鳍起点。腹鳍位于背鳍起点稍后的下方，末端不达臀鳍；侧线完全，平直。体背部呈褐色或淡褐色，背部正中有一条黑色的条纹。体侧中轴之上方有一列黑色斑点其独特性还在于它是黄河青海段内仅有的3种体表被鳞的鱼类之一。刺鮈与其他裂腹鱼同样生存于青藏高原水域环境中，鱼体表鳞片却基本没有退化，而且相比长江青海段鱼类如齐口裂腹鱼、裸腹叶须鱼等中大型有鳞鱼类，刺鮈鱼鳞片还要更加发达，再者刺鮈鱼的体型与其他裂腹鱼类和条鳅鱼类相差较远。

（4）厚唇裸重唇鱼

厚唇裸重唇鱼属裸重唇鱼属，裂腹鱼亚科，别名石花鱼、麻花鱼、翻嘴鱼（图4.35（b））。体修长，体背部隆起，腹部圆，尾柄细圆；头长，呈锥形；吻突出，稍钝；口下位，口裂马蹄形；下颌内侧具角质，无锐利角质边缘；下唇发达，表面具明显皱褶，无中间叶，唇后沟连续。口角须1对，粗壮，长度稍大于眼径，末端向后延伸至眼中部或眼后缘的垂直下方。眼稍小，侧上位；眼间较宽，略圆凸。体大部裸露无鳞，腹鳍具发达腋鳞；体背部和头顶部黄褐色或灰褐色，较均匀地分布着黑褐色斑点或圆斑。该鱼为高原冷水性鱼类，常见于兰州以上黄河上游干支流湖泊各水域。生活在宽谷江河中，有时也进入附属湖泊。每年河水开冰后即逆河产卵。主要以底栖动物、石峨、摇蚊幼虫和其他水生昆虫及桡足类、钩虾为食，也摄食水生维管束植物枝叶和藻类。

(a) 刺鮈　　　　　　　　　　　　　　(b) 厚唇裸重唇鱼

图4.35　湟水流域重点保护濒危物种（二）

根据野外调研与相关资料及同类鱼的描述，取4种敏感鱼类对水位和流速的"外包线"作为生态需水核算的依据。在繁殖期（4～7月），水位需要维持在0.4m

以上，流速需要在 0.1m/s 以上；生长期（8 月至翌年 3 月），水位需要维持在 0.6m 以上，流速需要在 0.2m/s 以上。

4.3.2　干流河道内生态需水评价结果

湟水干流选取了 5 个断面，从上至下依次为：湟源、石崖庄、西宁、乐都和民和。干流各个断面不同等级生态需水量均在 7~10 月份比其他月份需水量大，且从上游到下游，不同等级生态需水量逐渐增加。对比分析 4 种鱼 2008~2010 年的关键断面水位和流量，以此作为生态需水月过程的等级选取标准，得到符合实际的生态需水月过程（表 4.13）。湟源、石崖庄、西宁、乐都和民和的全年生态需水量分别为 1.66 亿 m³、1.9 亿 m³、4.53 亿 m³、4.7622 亿 m³ 和 7.44 亿 m³。

表 4.13　干流典型断面生态需水月过程　　　　　　　　单位：万 m³

断面名称	生态需水量											
	1 月	2 月	3 月	4 月	5 月	6 月	7 月	8 月	9 月	10 月	11 月	12 月
湟源	1289	1289	1289	1224	1224	1224	1627	1627	1627	1627	1289	1289
石崖庄	1504	1504	1504	1332	1332	1332	1878	1878	1878	1878	1504	1504
西宁	1554	1554	1554	3886	3886	3886	6461	6461	6461	6461	1554	1554
乐都	1809	1809	1809	4513	4513	4513	6259	6259	6259	6259	1809	1809
民和	1942	1942	1942	7150	7150	7150	10800	10800	10800	10800	1942	1942

4.4　湟水支流河道内生态需水评价

4.4.1　生态保护目标分析识别

本次规划中考虑河道内生态基流计算不同适宜等级生态需水量的河流包括南岸 11 条支流和北岸 10 条支流（表 4.14）。其中，盘道沟和北川河不属于引黄济宁工程受水区内，但是由于具有敏感物种分布（表 4.15、图 4.36），也作为典型支流进行分析；其他支流均在引黄济宁和引大济湟项目区范围内。

表 4.14　考虑河道内生态基流的支流

南北岸	支流
南岸	大南川、小南川、祁家川、白沈家沟、马哈来沟、岗子沟、虎狼沟、松树沟、米拉沟、巴州沟、隆治沟
北岸	北川河、西纳川、云谷川、沙塘川、哈拉直沟、红崖子沟、上水磨沟、引胜沟、羊倌沟、下水磨沟

表 4.15　考虑敏感物种的支流

河段	敏感物种
北川河	黄河雅罗鱼、刺鮈、厚唇裸重唇鱼、拟鲇高原鳅
沙塘川	厚唇裸重唇鱼
盘道沟	厚唇裸重唇鱼

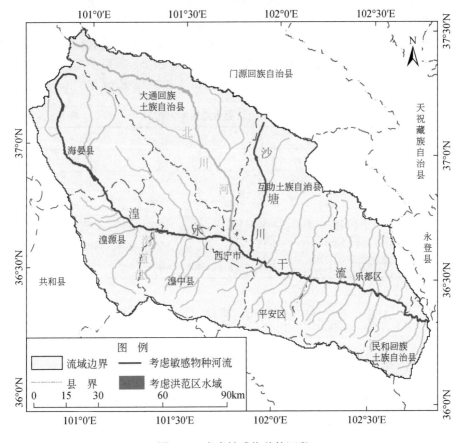

图 4.36　考虑敏感物种的河段

4.4.2　典型支流生态需水评价结果

1. 典型支流

典型支流选取具有敏感物种的北川河朝阳和盘道沟以及项目区内的南北支流进行重点评价，结果如下所述。

（1）盘道沟断面

由于盘道沟无实测水文数据，因此，结合 4.1 节分布式水文-水动力-栖息地模型的大断面情况，选取距离盘道水库下游 1km 处、距离汇入干流 7.1km 的断面进行生态需水分析。1～12 月河道内生态需水量分别为 258.41 万 m^3、262.124 万 m^3、265.838 万 m^3、348.7655 万 m^3、352.859 万 m^3、356.9525 万 m^3、361.046 万 m^3、363.09275 万 m^3、365.1395 万 m^3、352.859 万 m^3、348.7655 万 m^3 和 265.838 万 m^3；全年生态需水总量为 3902 万 m^3（表 4.16）。

表 4.16　盘道沟生态流量月过程　　　　单位：万 m^3

典型支流	河道内生态需水量												
	1 月	2 月	3 月	4 月	5 月	6 月	7 月	8 月	9 月	10 月	11 月	12 月	合计
盘道沟	258	262	266	349	353	357	361	363	365	353	349	266	3902

（2）北川河朝阳断面

北川河朝阳断面 1～12 月河道内生态需水量分别为 664 万 m^3、642 万 m^3、525 万 m^3、983 万 m^3、1462 万 m^3、1670 万 m^3、2264 万 m^3、2426 万 m^3、2625 万 m^3、1759 万 m^3、1011 万 m^3 和 755 万 m^3；全年生态需水总量为 1.68 亿 m^3（表 4.17）。

表 4.17　北川河生态流量月过程　　　　单位：万 m^3

典型支流	河道内生态需水量												
	1 月	2 月	3 月	4 月	5 月	6 月	7 月	8 月	9 月	10 月	11 月	12 月	合计
北川河	664	642	525	983	1462	1670	2264	2426	2625	1759	1011	755	16786

2. 湟水河谷典型支流生态需水评价结果

南北岸项目区年生态需水量合计 3.35 亿 m^3。其中，北岸项目区支流（西纳川、云谷川、沙塘川、哈拉直沟、红崖子沟、上水磨沟、引胜沟、羊倌沟和下水磨沟）年生态需水总量 2.2 亿 m^3（表 4.18）。

表 4.18　北岸项目区生态流量月过程　　　　单位：万 m^3

北岸支沟	河道内生态需水量												
	1 月	2 月	3 月	4 月	5 月	6 月	7 月	8 月	9 月	10 月	11 月	12 月	合计
西纳川	117	117	117	610	610	610	881	881	881	881	117	117	5939
云谷川	28	28	28	145	145	145	210	210	210	210	28	28	1415
沙塘川	157	157	157	561	561	561	708	708	708	708	157	157	5300
哈拉直沟	47	47	47	167	167	167	211	211	211	211	47	47	1580

续表

| 北岸支沟 | 河道内生态需水量 | | | | | | | | | | | | |
	1月	2月	3月	4月	5月	6月	7月	8月	9月	10月	11月	12月	合计
红崖子沟	39	39	39	140	140	140	177	177	177	177	39	39	1323
上水磨沟	25	25	25	112	112	112	223	223	223	223	25	25	1353
引胜沟	61	61	61	277	277	277	555	555	555	555	61	61	3356
羊倌沟	15	15	15	68	68	68	137	137	137	137	15	15	827
下水磨沟	17	17	17	78	78	78	155	155	155	155	17	17	939
北岸小计	506	506	506	2159	2159	2159	3257	3257	3257	3257	506	506	22036

南岸项目区支流（大南川、小南川、祁家川、白沈家沟、马哈来沟、岗子沟、虎狼沟、松树沟、米拉沟和巴州沟）年生态需水总量为 1.15 亿 m^3（表 4.19）。

表 4.19 南岸项目区生态流量月过程 单位：万 m^3

| 南岸支沟 | 河道内生态需水量 | | | | | | | | | | | | |
	1月	2月	3月	4月	5月	6月	7月	8月	9月	10月	11月	12月	合计
大南川	30	30	30	159	159	159	293	293	293	293	30	30	1799
小南川	27	27	27	143	143	143	263	263	263	263	27	27	1616
祁家川	19	19	19	100	100	100	184	184	184	184	19	19	1131
白沈家沟	18	18	18	94	94	94	173	173	173	173	18	18	1064
马哈来沟	7	7	7	26	26	26	57	57	57	57	7	7	341
岗子沟	23	23	23	90	90	90	200	200	200	200	23	23	1185
虎狼沟	10	10	10	40	40	40	89	89	89	89	10	10	526
松树沟	19	19	19	59	59	59	153	153	153	153	19	19	884
米拉沟	19	19	19	57	57	57	149	149	149	149	19	19	862
巴州沟	25	25	25	75	75	75	196	196	196	196	25	25	1134
隆治沟	20	20	20	62	62	62	160	160	160	160	20	20	929
南岸小计	217	217	217	905	905	905	1917	1917	1917	1917	217	217	11468

4.4.3 大通河生态需水分析结果

大通河选取尕大滩、天堂寺和享堂 3 个关键断面，采用 1956～2010 年 55 年径流系列分别核算 3 个断面的生态基流和适宜生态需水。

1. 最小生态流量分析

（1）生态基流核算

采用 Tennant 法、90%保证率法、近十年最枯月流量法三种不同的方法分析计算 3 个断面的生态基流。其中 Tennant 法采用 3 个断面 1956～2010 年多年天然平均流量的 10%作为各断面的生态基流，90%保证率法采用 1956～2010 年 90%保证率下的最枯月平均流量作为各断面的生态基流，近十年最枯月流量法采用 2001～2010 年实测最小月平均流量作为各断面的生态基流。综合 3 种方法计算结果，推荐采用 3 种方法的最小值作为 3 个断面的生态基流，主要结果如表 4.20 所示。

表 4.20　大通河关键断面生态基流计算成果表　　　　　单位：m³/s

计算方法	大通河各断面		
	尕大滩	天堂寺	享堂
近十年最枯月流量法	4.9	13.0	15.9
90%保证率法	2.6	11.7	15.5
Tennant 法	5.0	7.6	9.1
推荐值	2.6	7.6	9.1

（2）环保部相关批复及要求

2010 年，环保部《关于青海省引大济湟调水总干渠工程环境影响报告书的批复》（环审〔2010〕2 号）中要求："统筹生活、生产、生态用水，进一步优化调度过程，加强受水区节水、减污和水资源保护。严格落实生态流量下泄保障措施。确保坝址断面每年 4 月、11 月下泄最小生态流量 10 立方米/秒，每年 5 月至 10 月下泄最小生态流量 20.1 立方米/秒。在每年 4 月、11 月天然来水不足 10 立方米/秒和 5 月至 10 月来水不足 20.1 立方米/秒及每年 12 月至翌年 3 月期间，工程应停止取水，将天然来水流量全部下泄。"

2016 年，环保部《关于青海省引大济湟工程规划环境影响评价工作意见的函》（环办环评函〔2016〕629 号）中要求："落实我部《关于青海省引大济湟调水总干渠工程环境影响报告书的批复》（环审〔2010〕2 号），确保坝址断面每年 4 月和 11 月下泄最小生态流量 10 立方米/秒，每年 5～10 月下泄最小生态流量 20.1 立方米/秒，在天然来水不足生态流量时，按照天然来水流量全部下泄。"

（3）黄河水量调度条例实施细则

按照《黄河水量调度条例实施细则》要求，大通河连城和享堂站 95%保证率的最小流量指标要求分别为 9m³/s 和 10m³/s。

综合以上要求，尕大滩断面 12 月至翌年 3 月生态基流按照环保部要求的 5m³/s

控制，其他月份最小生态流量采用环保部批复文件要求；享堂断面 12 月至翌年 3 月生态基流按照《黄河水量调度条例实施细则》要求 10m³/s 控制，天堂寺 12 月至翌年 3 月生态基流参考《黄河水量调度条例实施细则》中关于连城断面的要求在生态基流核算推荐值 7.6m³/s 的基础上放大至 8m³/s，享堂和天堂寺其他月份最小生态流量参照尕大滩断面要求结合区间来水情况综合确定。提出大通河尕大滩、天堂寺和享堂 3 个断面最小生态流量详见表 4.21。

表 4.21 大通河尕大滩、天堂寺和享堂断面最小生态流量   单位：m³/s

断面	最小生态流量											
	1 月	2 月	3 月	4 月	5 月	6 月	7 月	8 月	9 月	10 月	11 月	12 月
尕大滩	5	5	5	10	20.1	20.1	20.1	20.1	20.1	20.1	10	5
天堂寺	8	8	8	13.2	21.1	21.1	21.1	21.1	21.1	21.1	10	8
享堂	10	10	10	14.8	24.1	24.1	24.1	24.1	24.1	24.1	10	10

2. 适宜生态需水

大通河流域是我国生态安全战略格局的重要组成部分，其重点生态功能区是保障国家及西部生态安全的重要区域，是青海东部最重要的生态安全屏障。大通河从上游至下游分布有大通河特有鱼类国家级水产种质资源保护区、青海祁连山省级自然保护区、青海仙米国家森林公园、青海北山国家森林公园、甘肃天祝三峡国家森林公园、甘肃祁连山国家级自然保护区、甘肃连城国家级自然保护区、甘肃吐鲁沟国家森林公园等环境敏感区。大通河水系土著鱼类是黄河濒危鱼类保护及中国生物多样性保护的重要组成部分，其濒危保护鱼类物种及种群保护是对维系黄河上游鱼类物种资源至关重要，具有重要生态保护价值。根据《河湖生态环境需水计算规范》（SL/Z712—2014），Tennant 法不同河道内生态环境状况对应的流量百分比如表 4.22 所示。

表 4.22 不同河道内生态环境状况对应的流量百分比   单位：%

不同流量百分比对应河道内生态环境状况	占同时段多年平均天然流量百分比（年内较枯时段）	占同时段多年平均天然流量百分比（年内较丰时段）
最大	200	200
最佳	60～100	60～100
极好	40	60
非常好	30	50
好	20	40

续表

不同流量百分比对应 河道内生态环境状况	占同时段多年平均天然流量百分比 （年内较枯时段）	占同时段多年平均天然流量百分比 （年内较丰时段）
中	10	30
差	10	10
极差	0～10	0～10

注：目标生态环境需水量取值范围应符合下列要求：水资源短缺、用水紧张地区河流，宜在表 3 "非常好"和"极好"的分级范围内，根据水资源特点和开发利用现状，合理取值。水资源较丰沛的河流，宜在表 3 "非常好"和"极好"的分级之上合理取值

考虑大通河生态保护目标要求，将大通河典型年月均流量过程按照 4～6 月、7～10 月、11 月至翌年 3 月分为 3 个时段。其中 4～6 月是大通河土著鱼类产卵繁殖的高峰季节，需要一定水流刺激和一定水深及水面宽，同时此季节也是河谷植被的萌芽期，因此时降水量较少而植被蒸散亏缺量较大，也是河谷植被需水的高峰期；7～10 月河流水量较丰，4 个月径流量通常占全年的 60%以上，通常考虑应允许一定流量级别的洪水产生，一方面维持河槽冲淤平衡，另一方面淹没河滩地的流量过程可满足岸边带生物的繁衍生息并维持一定地下水位；11 月至翌年 3 月，河流水量相对较枯，月水量占年水量的比例一般为 3%～7%，主要考虑维持河流基本生态环境功能的生态基流。大通河各河段需水对象及需水规律如表 4.23 所示。

表 4.23 大通河各河段需水对象及需水规律分析

河段	需水对象	需水规律
源头至 武松塔拉	土著鱼类 河岸植被	4～6 月：有一定水面宽度、水流连续、水深 1m 左右缓流水域（0.3～0.8m/s）；
武松塔拉 至尕大滩	土著鱼类 河谷湿地、植被	7～10 月：一定水面宽度、水流连续、较为缓流型水体（0.8～1.3m/s）、水深 1～1.5m；有一定量级的洪水发生，有淹没岸边的流量过程
尕大滩至 天堂寺	土著鱼类 河谷湿地、植被	4～6 月：有一定水面宽度、水流连续、水深 1 米左右缓流水域（0.6～1.0m/s），有淹没岸边的流量过程； 7～10 月一定水面宽度、水流连续、较为缓流型水体（1.0～2.0m/s）、水深 1～2m；有一定量级的洪水发生
天堂寺至 入湟口	河谷湿地、植被	4～6 月：水流连续，有淹没岸边的流量过程；7～10 月：有一定流量级别的洪水发生

基于以上考虑，4～6 月、7～10 月、11 月至翌年 3 月分别选取 3 个时段多年平均流量的 40%、60%和 40%作为大通河适宜生态流量。大通河 1956～2010 年系列各断面多年月平均天然流量见表 4.24，计算得出的大通河各断面适宜生态需水成果如表 4.25 所示。

表 4.24　大通河 1956～2010 年系列各断面多年月平均天然流量　　单位：m³/s

断面	天然流量												
	1月	2月	3月	4月	5月	6月	7月	8月	9月	10月	11月	12月	年均
尕大滩	5.2	4.9	8.4	27.6	52.8	79.3	132.5	116.6	100.3	48.0	19.1	8.0	50.2
天堂寺	17.3	17.2	21.4	46.2	80.0	107.6	173.7	165.7	144.0	79.7	38.3	21.9	76.1
享堂	20.0	20.2	28.1	59.0	96.9	125.8	203.7	195.6	171.6	98.6	48.9	28.6	91.4

表 4.25　大通河各断面时段平均天然流量及适宜生态需水流量　　单位：m³/s

断面	各时段平均天然流量			各时段适宜生态需水流量		
	4～6月	7～10月	11月至翌年3月	4～6月	7～10月	11月至翌年3月
尕大滩	53.2	99.3	9.1	21.29	59.60	3.64
天堂寺	77.9	140.8	23.2	31.17	84.46	9.29
享堂	93.9	167.4	29.2	37.56	100.43	11.67

综合考虑 3 个断面最小生态流量要求，将尕大滩断面 11 月至翌年 3 月适宜生态需水按不低于最小生态流量考虑，形成大通河各断面逐月适宜生态需水成果，如表 4.26 所示。

表 4.26　大通河各断面逐月适宜生态需水量　　单位：m³/s

断面	生态需水量											
	1月	2月	3月	4月	5月	6月	7月	8月	9月	10月	11月	12月
尕大滩	5.00	5.00	5.00	21.29	21.29	21.29	59.60	59.60	59.60	59.60	10.00	5.00
天堂寺	9.29	9.29	9.29	31.17	31.17	31.17	84.46	84.46	84.46	84.46	9.29	9.29
享堂	11.67	11.67	11.67	37.56	37.56	37.56	100.43	100.43	100.43	100.43	11.67	11.67

4.5　本章小结

综合分析流量、水位、流速和栖息地面积等生态特征值，创建了考虑敏感物种的不同适宜等级生态需水月过程评价方法，并结合敏感物种存在阶段的实际水位和流量，确定了湟水流域干流及支流关键断面的生态需水月过程和年生态需水总量，结果表明：湟源、石崖庄、西宁、乐都和民和断面的年生态需水总量分别为 1.66 亿 m³、1.90 亿 m³、4.53 亿 m³、4.76 亿 m³ 和 8.6 亿 m³；盘道沟断面和北川河朝阳断面生态需水总量分别为 3902 万 m³ 和 1.68 亿 m³；项目区年生态需水量合计 3.35 亿 m³，其中北岸为 2.2 亿 m³、南岸为 1.15 亿 m³。此外，经分析计算，大通河尕大滩、天堂寺和享堂断面河道内生态需水量分别为 8.79 亿 m³、12.64 亿 m³ 和 15.15 亿 m³。

第5章 节水优先下经济社会发展需水预测

2014 年习近平总书记提出了"节水优先，空间均衡，系统治理，两手发力"的治水思路，将"节水优先"作为我国新时期水资源管理工作必须始终遵循的根本方针。在"节水优先"作为支撑可持续发展基本方针之一的社会背景下，需要开展节水优先下的社会经济发展需水预测。

5.1 节水评价与节水潜力分析

5.1.1 节水评价

青海省积极开展节水型社会建设，从农牧业、工业、城镇生活等方面入手，努力推进全省节约用水工作的开展，在提高水资源利用率的同时，节约了有限的水资源。

根据 2016 年的《青海省水资源公报》、《全国水资源公报》，研究区 2016 年各行业用水水平指标及对比情况如表 5.1 所示。

表 5.1 2016 年研究区各行业用水水平指标及对比

流域分区	人均综合用水量/m³	城镇居民生活日用水量/[L/（人·d）]	万元 GDP 用水量/（m³/万元）	万元工业增加值用水量/（m³/万元）	农田灌溉亩均用水量/（m³/亩）	灌溉水利用系数
研究区	278	116	59	22.9	439	0.533
青海	445	101	103	28.4	565	0.500
甘肃	453	76	165	64.5	487	0.547
宁夏	961	86	206	42.1	688	0.511
内蒙古	756	91	102	22.4	326	0.532
新疆	2358	159	588	44.4	608	0.535
黄河流域	328	96	65	24.7	324	0.530
全国	438	136	81	52.8	380	0.542

（1）农田灌溉用水水平

根据 2016 年《青海省水资源公报》，研究区现状农田灌溉亩均用水量为
439m³/亩，通过与青海省、黄河流域、宁夏、内蒙古、甘肃、新疆以及全国灌溉
亩均用水量对比分析，研究区灌溉亩均用水量低于青海省 565m³/亩、甘肃省
487m³/亩、宁夏 688m³/亩、新疆 608m³/亩，高于黄河流域 324m³/亩、内蒙古 326m³/
亩和全国 380m³/亩。

由以上分析可知，研究区内现状灌溉亩均用水量在西北各相邻省区中，亩均
用水量较低。

（2）工业用水水平

根据 2016 年《青海省水资源公报》，研究区现状万元工业增加值用水量为
22.9m³/万元，相对 2010 年（68m³/万元）下降 65.7%。现状年万元工业增加值用
水量已经达到《青海省节水型社会建设"十三五"规划》中"十二五"目标值（比
2010 年下降 25%），说明研究区内工业用水水平已经符合青海省相关节水要求。

通过与青海、黄河流域、宁夏、内蒙古、甘肃、新疆以及全国万元工业增加
值用水量对比分析，研究区现状年万元工业增加值用水量与内蒙古基本相当，低
于黄河流域的 24.7m³/万元、青海的 28.4m³/万元、甘肃的 64.5m³/万元、宁夏的
42.1m³/万元、新疆的 44.4m³/万元以及全国的 52.8m³/万元。

由以上分析可知，研究区内工业用水水平在西北各相邻省区中，处于先进
水平。

（3）城镇居民生活用水水平

根据 2016 年《青海省水资源公报》，研究区现状年城镇居民生活用水量为
116L/（人·d），低于全国的 136L/（人·d）和新疆的 159L/（人·d），高于黄
河流域的 96L/（人·d）、青海省的 101L/（人·d）、甘肃省的 76L/（人·d）、宁
夏的 86L/（人·d）、内蒙古的 91L/（人·d）。通过与青海省、黄河流域、宁夏、
内蒙古、甘肃、新疆以及全国城镇居民人均生活用水量对比分析，研究区内城镇
居民人均生活用水量与相邻地区相比偏高。

由于研究区包括青海省省会西宁市以及海东市，在青海省属于经济最为发达、
城镇化率最高的地区，西宁市市区现状年城镇居民人均生活用水量为 122L/
（人·d），造成研究区内城镇居民生活人均用水量相对偏高。

（4）人均综合用水量

根据 2016 年《青海省水资源公报》，研究区内人均综合用水量为 278m³/人，
低于黄河流域的 328m³/人，远低于青海省全省平均水平以及其他相邻省份和全国
人均综合用水量。通过与青海省、黄河流域、宁夏、内蒙古、甘肃、新疆以及全
国人均用水量对比分析，说明研究区内人均综合用水量较低。

综上分析，通过对研究区内现状用水水平与青海省、黄河流域、宁夏、内蒙古、甘肃、新疆以及全国用水水平对比分析，研究区总体节水水平较高，其中万元工业增加值用水量等指标处于先进水平。

5.1.2　节水潜力

1. 节水潜力计算方法

（1）农业节水潜力计算方法

农业灌溉节水潜力计算思路由图 5.1 表示。图中曲线 AB 和曲线 CD 分别代表某灌区在 $I_{净1}$ 和 $I_{净2}$ 耗水水平下的灌溉用水曲线。其耗水水平之间的关系为

$$I_{净1} > I_{净2}$$

点 A 代表最初的灌溉水平（Q_0，$I_{净1}$，η_0），由于灌溉水利用系数较低，净灌溉用水量比较高，因此毛灌溉用水量 Q_0 较大。

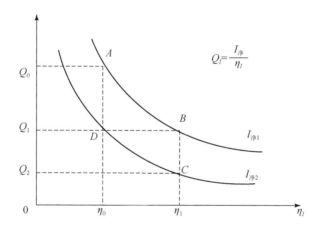

图 5.1　灌溉用水量与灌溉水利用系数及净灌溉定额的关系

首先，看提高灌溉水利用系数的节水潜力。在净灌溉定额 $I_{净1}$ 不变的前提下，因为节水灌溉措施的实施而将灌溉水利用系数由最初的 η_0 提高到 η_1，对应的灌溉水平是 B（Q_1，$I_{净1}$，η_1）。由图 5.1 可以清楚地显示，提高灌溉水利用系数后的节水量为

$$\Delta Q = Q_0 - Q_1 \tag{5.1}$$

其次，看减少田间无效蒸发，降低净灌溉定额的节水潜力。因为 $I_净$ 由曲线 AB 的水平降低到曲线 CD 的水平。在灌溉水利用系数不变的前提下，此时的灌溉水平是 D（Q_1，$I_{净2}$，η_1）。此时的节水量为仍为

$$Q = Q_0 - Q_1 \tag{5.2}$$

对比提高 η 后的节水量和降低 $I_{净}$ 后的节水量可以发现，尽管从节水总量来看二者的效果可以相等，但其节水的内涵是有本质差别的。提高 η 减少的是渗漏损失，而降低 $I_{净}$ 则是减少了无效耗水。二者的计算方法也不一样，对于提高 η，其单位面积节水量的大小为

$$\Delta Q = I_{净}\left(\frac{1}{\eta_0} - \frac{1}{\eta_1}\right) \tag{5.3}$$

而对于降低 $I_{净}$，其单位面积节水量的大小为

$$\Delta Q = \frac{I_{净1} - I_{净2}}{\eta_0} = \frac{\Delta I_{净}}{\eta_0} \tag{5.4}$$

最后，来看同时提高灌溉水有效利用系数和降低净灌溉定额的综合节水潜力。无论灌溉水平是由 A 经过 B 到 C，还是由 A 经过 D 到 C，C 点对应的灌溉水平为 $C(Q_2, I_{净2}, \eta_1)$。此时的单位面积节水量为

$$\Delta Q = Q_0 - Q_2 = \frac{I_{净1}}{\eta_0} - \frac{I_{净2}}{\eta_1} \tag{5.5}$$

（2）工业节水潜力计算方法

工业节水潜力主要考虑工业用水水平指标和工业供水管网漏失率两个方面。工业用水水平指标主要以万元工业增加值取水量和工业用水重复利用率为代表。其中，工业用水重复利用率指在一定的计量时间内，工业生产过程中使用的重复利用水量（包括二次以上用水和循环用水量）与工业总用水量（新鲜水量与重复利用水量之和）的百分比。工业供水管网漏失率主要是指工业用水户在取用水过程中，由于管道本身的结构所引起必然损耗和一定的沿程和局部损耗所造成的水量损失，以及由于管线老化所带来的其他损失占所有供水量的比例称为供水管网漏失率。

万元工业增加值用水量节水量计算公式为

$$\Delta Q_{工业} = Z_0 \times (\eta_0 - \eta_t) \tag{5.6}$$

式中，$\Delta Q_{工业}$ 为工业节水潜力，万 m³/a；Z_0 为现状年工业增加值，万元；η_0 为现状年万元工业增加值用水量，m³/万元；η_t 为规划水平年万元工业增加值用水量，m³/万元。

工业供水管网漏失率节水量计算公式为

$$\Delta Q_{管网}=W_0 \times (\lambda_0 - \lambda_t) \qquad (5.7)$$

式中，$\Delta Q_{管网}$ 为管网漏失率降低节水潜力，万 m^3/a；W_0 为现状年工业用水量，万 m^3；λ_0 为现状年管网漏失率，%；λ_t 为规划水平年管网漏失率，%。

（3）生活用水节水潜力计算方法

城镇综合生活节水潜力主要考虑城镇供水管网漏失率，经查阅相关文献，也有地区将节水器具普及率考虑在内，本次计算仅考虑管网漏失率下降的节水量。

通过提高供水管网漏失率实现节水，相应节水潜力计算方法为

$$\Delta W_c = W_{c1} \times (L_1 - L_2) \qquad (5.8)$$

式中，ΔW_c 为城镇生活节水量，万 m^3；W_{c1} 为现状城镇生活用水量（包括建筑和三产），万 m^3；L_1、L_2 分别为现状、未来城镇供水管网漏失率，%。

（4）综合节水潜力

综合节水潜力（W）由农业节水潜力、工业节水潜力和生活节水潜力三者加总得到，公式为

$$W = \Delta Q_{农业} + \Delta Q_{工业} + \Delta W_{城镇生活} \qquad (5.9)$$

2. 节水潜力分析

挖掘节水潜力主要有两个途径：一是通过工程节水措施，包括灌区节水改造提高农业灌溉水利用率，工业节水改造提高用水重复利用率，城镇供水管网改造降低漏失率及推广节水器具等。二是通过非工程节水措施，包括合理调整经济布局和产业结构，将水从低效益用途配置到高效益领域，提高单位水资源消耗的经济产出；依靠技术进步，提高工艺、农艺水平和节水管理水平等。

（1）农业节水潜力

农业灌溉节水潜力是通过各类节水措施的实施，可以使现有农田用水总量减少的数量。研究区内现状年农田实灌面积 100.96 万亩，林草灌溉面积 31.87 万亩，现状灌溉水利用系数为 0.533。规划水平年，通过提高现状灌区节水灌溉面积，并逐步增加管灌和微喷灌高效节水面积，各地区实施灌区续建配套与节水改造、建设牧区饲草料基地节水工程，积极发展高效节水灌溉工程，提高灌溉节水有效利用系数。2030 年和 2040 年研究区内现有灌区灌溉水利用系数分别提高到 0.60 和 0.65，农田灌溉定额由现状年的 439m^3/亩分别降低到 387m^3/亩和 352m^3/亩。

经过计算分析，与现状灌溉用水量相比，规划水平年引黄济宁工程研究区总

节水潜力约为 9683 万 m³。其中, 农田灌溉节水潜力为 8251 万 m³, 占灌溉总节水潜力 85.2%; 林果地灌溉节水潜力为 1324 万 m³, 占 13.7%; 草场灌溉节水潜力为 107 万 m³, 占 1.1%。按行政区分, 西宁市为 6059 万 m³, 海东市为 3624 万 m³ (表 5.2)。

表 5.2　研究区灌溉节水潜力计算成果　　　　　　　　　　单位: 万 m³

行政区		2030 年节水量	2040 年节水量	合计
西宁市	西宁市区	854	154	1008
	湟中县	1462	856	2319
	大通县	943	534	1476
	湟源县	818	438	1257
	小计	4077	1983	6059
海东市	互助县	663	419	1082
	乐都区	631	402	1033
	平安区	423	178	601
	民和县	590	318	908
	小计	2307	1316	3624
合计		6384	3299	9683

（2）工业节水潜力

工业节水方面, 未来研究区要按照推进供给侧结构性改革、化解过剩产能的总体部署, 依法依规淘汰高耗水行业中用水超出定额标准的产能, 促进产业转型升级。结合产业结构调整、技术改造升级以及产品的更新换代, 重点抓好各园区高耗水行业向高效节水方向调整。对于新建、改扩建项目, 优先使用先进的节水设备, 坚持节水工艺、节水设备与建设项目同时设计、同时施工、同时运行, 并要求达到先进节水水平, 以提高工业用水的利用效率和技术水平。

本次考虑到工业供水管网基本上与城镇供水管网重复, 在计算工业节水时, 仅考虑万元工业增加值用水量下降的节水量。通过提高工业用水效率, 降低万元工业增加值的用水量, 到设计水平年, 研究区内工业万元产值取水量由现状的 23m³/万元下降至 16m³/万元, 其中西宁市万元工业增加值用水量由现状的 21m³/万元降低到 2040 年的 16m³/万元;海东市万元工业增加值用水量可由现状的 29m³/万元降低到 2040 年的 21m³/万元;两市工业用水重复利用率提高到 90%以上。

按现状工业用水量分析, 工业节水潜力为 5531 万 m³, 其中西宁市和海东市分别为 4116 万 m³、1415 万 m³ (表 5.3)。

表 5.3　研究区不同水平年工业节水潜力成果　　　　　　单位：万 m³

行政区		2030 年	2040 年	合计
西宁市	市区	1759	456	2215
	湟中县	412	259	671
	湟源县	136	60	196
	大通县	692	268	960
	小计	2999	1042	4042
海东市	互助县	604	182	786
	乐都区	413	133	546
	平安区	47	28	75
	民和县	52	31	83
	小计	1117	373	1490
合计		4116	1415	5531

（3）城镇生活节水潜力

通过更新改造输水设施，城镇管网输水漏失率将逐步降低，2030 年供水管网漏失率控制在 9.2%左右，2040 年降低到 7.0%左右；通过积极组织开展节水器具和节水产品的推广和普及工作，设计水平年研究区节水器具普及率达到 100%。按现状城镇生活用水量分析，城镇生活节水潜力为 1117 万 m³，其中西宁市和海东市分别为 891 万 m³、226 万 m³（表 5.4）。

表 5.4　研究区不同水平年城镇生活节水潜力成果　　　　单位：万 m³

行政区		2030 年	2040 年	合计
西宁市	市区	555	93	648
	湟中县	76	29	105
	湟源县	17	14	31
	大通县	67	40	108
	小计	716	175	891
海东市	互助县	44	15	59
	乐都区	71	24	95
	平安区	25	8	33
	民和县	25	15	39
	小计	165	61	226
合计		881	236	1117

（4）总节水潜力

根据以上分析，研究区节水潜力为 16331 万 m³，其中西宁市和海东市分别为 10993 万 m³、5339 万 m³（表 5.5）。

表 5.5　研究区不同水平年节水潜力成果　　　　　单位：万 m³

行政区	水平年	灌溉	工业	城镇生活	小计
西宁市	2030 年	4077	2999	716	7792
	2040 年	1983	1042	175	3200
	小计	6059	4042	891	10993
海东市	2030 年	2307	1117	165	3589
	2040 年	1316	373	61	1750
	小计	3624	1490	226	5339
合计	2030 年	6384	4116	881	11381
	2040 年	3299	1416	237	4952
	小计	9683	5531	1117	16331

5.1.3　节水措施与投资

1. 节水投资

根据节水指标及节水目标的要求，在对研究区现状用水户用水水平和节水潜力分析的基础上，农田灌溉节水通过对渠系防渗改造、实施田间节水、发展高效节水灌溉面积等措施；工业节水通过调整工业布局结构、工艺改造、限制高耗水企业、改造供水管网和完善计量设施等措施；生活节水通过输水管道升级改造、推广节水器具等措施来达到节水目标。

（1）农业节水措施方案

农业节水潜力相对较大，节水重点是灌区的节水改造。同时加强节水目标的管理和协调，使水土条件较好的局部地区农业用水有增加，但总用水量应争取基本不增长。为此，采取措施有：①以节水增产为目标对灌区进行技术改造；②因地制宜加快发展节水灌溉工程；③加强用水定额管理，推广节水灌溉制度；④平田整地开展田间工程改造；⑤大力推广节水农业技术；⑥积极发展节水综合技术。

基于以上措施，2040 年研究区节水灌溉面积达到 100.96 万亩，其中渠道防渗 68.04 万亩，高效节水灌溉 32.92 万亩，渠道衬砌 5398.15km，改造渠系建筑物 50 129 处。西宁市安排节水灌溉 52.32 万亩，其中渠道防渗 36.04 万亩，高效节水灌溉 16.28 万亩，渠道衬砌 3227km，改造渠系建筑物 23156 处；海东市安排节水灌溉

48.64 万亩,其中渠道防渗 32.00 万亩,高效节水灌溉 16.64 万亩,渠道衬砌 2171km,改造渠系建筑物 26973 处。现状 31.87 万亩林草全部实施节水改造措施。规划水平年研究区内新增灌溉面积 256.38 万亩,全部按照节水标准建设。

（2）工业节水措施方案

考虑工业节水发展的需求特点,流域内工业节水发展总体设想是:工业节水在地区上不仅应考虑与农业节水及城市化发展的协调,按水资源供需平衡的原则实行用水总量控制,而且应与水环境的治理、改善和保护的要求相配合,同时考虑工业自身的产业结构调整、技术水平升级以及产品的更新换代。节水重点是那些用水大户,污染大户。应按节水标准规划发展,并由点到面,逐步推进。为此,采取以下基本对策:①优化高耗水行业空间布局;②推进高耗水工业结构调整;③加大高耗水行业节水改造力度;④建设节水型园区;⑤建设节水型企业。

（3）城镇生活节水措施方案

根据城镇生活节水发展特点,城镇生活节水要与城市化发展和人民生活水平相适应,同时考虑人口和资源条件,对水资源的需求和供给加以适当限制。节水重点在城市,应按城市生活节水标准规划发展,并由城市向市镇推进。通过强化管理,建设和推广节水设施,逐步使用水定额得到控制,并使总用水增长率逐步降低。为此,需采取措施:①推进城镇供水管网改造;②推广节水器具使用;③加强服务业用水;④推广建筑中水回用;⑤大力推进节水型城市建设。

2. 节水投资匡算

（1）灌溉节水投资

灌溉节水投资估算包括渠道防渗、喷灌、微灌及管灌等投资,2040 年研究区农田节水改造灌溉面积达到 100.96 万亩(渠道防渗 68.04 万亩,高效节水灌溉 32.92 万亩),渠道衬砌 5398.15km。林草节水改造面积 31.87 万亩。

计算农田节水投资时,已有规划项目投资以已经实施或批复的项目投资为准,其他分项投资则根据已有前期工作的项目进行类比计算。林草亩均投资按照渠道防渗单价计算。

灌溉节水总投资为 34.33 亿元,其中,渠道防渗投资 24.22 亿元,喷灌投资 1.70 亿元,微灌投资 1.64 亿元,管灌投资 6.77 亿元。灌溉总节水量为 9683 万 m^3,单方节水投资约为 35.5 元/m^3。

（2）工业节水投资

工业节水投资估算包括工业水重复利用工程,节水工艺技术改造工程、计量、节水器具,节水示范项目,工业用水普查,工业节水信息系统,企业水平衡测试,节水补贴,节水宣传和培训等投资,研究区内规划水平年工业节水量为 5531 万 m^3,工业节水投资为 13.14 亿元,单方节水投资约为 23.8 元/m^3。

生活节水投资包括城镇管网改造工程，节水器具推广示范项目，节水宣传教育等，投资为 6.96 亿元，如表 5.6 所示。城镇生活节水量为 1117 万 m^3，单方节水投资约为 62.3 元/m^3。

表 5.6　节水工程投资估算汇总

类别	投资/亿元	投资占比/%	节水量/万 m^3	单方节水投资/（元/m^3）
农业节水	34.33	63.1	9683	35.5
工业节水	13.14	24.1	5531	23.8
生活节水	6.96	12.8	1117	62.3
合计	54.43	100.0	16331	33.3

（3）总节水投资

节水工程总投资 54.43 亿元，综合单方水节水投资 33.3 元/m^3。其中，农业节水措施投资 34.33 亿元，单方水节水投资 35.5 元/m^3；工业节水措施投资约为 13.14 亿元，单方水节水投资 23.8 元/m^3；生活节水措施投资 6.96 亿元，单方水节水投资 62.3 元/m^3。

各行业节水措施建设投资估算如表 5.6 所示。

5.2　社会经济发展预测分析

5.2.1　产业结构布局的节水符合性分析

1. 产业布局分析

（1）传统优势产业的发展

根据《西宁市国民经济和社会发展第十三个五年规划纲要》，西宁市传统优势产业发展"以资源精深加工和智能制造为方向，落实好'百项改造提升工程'要求，集中力量做优做强金属冶炼及延伸加工、特色化工、装备制造、藏毯绒纺、高原动植物精深加工等传统优势产业，推进产业链延伸和产业融合，构建在全国有影响的铝及铝精深加工、精细化工、藏毯绒纺、电子铜铝箔、高原生物制品等优势产业集群，打造传统产业竞争新优势"。

《海东市国民经济和社会发展第十三个五年规划纲要》在改造提升传统产业内容中提出"以市场为导向，坚持创新驱动、高端引领、绿色循环的发展理念，实施工业强基工程，开展质量品牌提升行动，支持企业瞄准省内外同行业标杆推进技术改造，全面提升有色金属、装备制造、建材、农产品加工、特色轻工等工业等传统工业的产品技术、工业装备、能效环保等水平。注重运用市场机制、经济手段、法治办法化解产能过剩，加大政策引导力度，完善企业退出机制，推动传统产业向中高端迈进，实现高端化、智能化、绿色化发展。"

《兰州—西宁城市群发展规划》在促进传统优势产业发展部分提出了完善工业体系与着力发展现代生态农牧业的发展方向，提出重点发展壮大石油化工、盐化工、有色冶金、装备制造、建材、农林畜产品加工产业。

通过分析，西宁市与海东市传统产业主要为金属冶炼延伸加工、特色化工、装备制造、特色轻工业等。

（2）新兴产业发展

《西宁市国民经济和社会发展第十三个五年规划纲要》在发挥新兴产业引领作用部分提出"落实好'百项创新攻坚工程'要求，培育壮大新能源、新材料、节能环保和新型建材等新兴产业，全力打造全国重要的锂电、光伏制造中心，使新兴产业成为带动全市工业转型升级和创新发展的重要支撑。以新一代信息技术应用和'两化'融合为突破口，培育发展节能环保、信息应用等新产业、新业态，不断挖掘新的工业增长点"。

《海东市国民经济和社会发展第十三个五年规划纲要》在培育发展战略新兴产业部分提出"以'中国制造2025'战略为契机，加快发展战略性新兴产业，发挥产业政策导向和促进竞争功能，充分利用国家产业投资引导基金，培育发展新能源、新材料、生物产业、节能环保、信息产业等一批战略性新兴产业，切实将其培育成为支撑'十三五'乃至更长一段时间经济发展的先导产业和支柱产业"。

《兰州—西宁城市群发展规划》对于发展壮大新兴支柱产业提出"立足原材料产业基础，加快新型功能、高端结构等新材料发展，打造国家重要的新材料产业基地，培育锂电、水性材料等一批重点产业集群。围绕风、光等资源转化利用，积极发展新能源及新能源装备制造业，打造新能源基地和全国重要的光伏光热设备制造基地。突出生物技术、核技术和特色资源禀赋优势，做大做强生物医药产业，打造国家重要的生物医药产业基地。促进信息技术、航空航天等军民科技成果双向转化，构建高效益配套产业体系。"

通过分析，西宁市与海东市新兴产业以新能源、新材料、节能环保产业、新型建材、高原生物医药、高端装备制造等产业为主。

（3）发展现代服务业

《西宁市国民经济和社会发展第十三个五年规划纲要》在加快发展现代服务业部分提出"巩固国家服务业综合试点城市成果，把加快服务业发展作为经济转型升级的战略支点，高起点谋划现代服务业布局，全力打造高原旅游、现代金融、科技服务、现代物流、信息服务、电子商务、商务服务、文化产业、健康养老、会展业等十大现代服务业"。

《海东市国民经济和社会发展第十三个五年规划纲要》在提升服务业层次和水平部分提出"加快发展生活性服务业和生产性服务业，有效扩大新兴服务业规模，努力把服务业培育成为新的支柱产业和经济增长极"，主要包括加快旅游业发展、壮大现代商贸物流业、发展新兴服务业（包括金融、电子商务、推动养老产业发展等）。

《兰州—西宁城市群发展规划》在发展现代服务业部分提出"依托丰富的历史、人文、民族、自然等资源，大力发展文化旅游、文化创意产业……规划建设一批民族文化生态保护区……发展壮大商贸物流业，优化物流园区布局，推广应用信息技术，提升商贸物流业发展水平。培育发展健康旅游、体育健身、休闲养老等服务业"。

通过分析，西宁市与海东市服务业以旅游、现代物流、信息服务、养老服务等产业发展为主。

2. 产业布局节水符合性分析

根据研究区定位与自然条件，结合《东部城市群西宁都市区战略规划》以及各工业园区发展规划对产业发展特点及节水性进行分析，工业主要节水措施包括：

（1）调整工业结构，严格准入门槛

随着西宁市经济技术开发区以及海东工业园区的建设，研究区内的工业将会进一步地发展。规划水平年进一步调整工业结构，结合不同地区的工业特点，在满足取水许可、不破坏水生态环境的条件下，严格执行以水定产、以水定发展的理念，有针对性的积极发展引进节水型的高科技工业项目。在企业引进的过程中，要严格准入门槛，严格控制高耗水、高耗能、高污染企业的引入，从源头上控制对水资源的高度消耗；优先引进实行高效节水措施、具有先进节水工艺的企业，并逐步淘汰耗水量大且不积极改进工艺的企业，不断降低万元工业增加值用水量。

（2）引进先进节水工艺，加大工业水循环利用

研究区内在发展工业过程中，要通过引进先进节水工艺，加强工业用水循环利用，提高水资源利用效率，进一步降低万元工业增加值用水量。目前，高耗水工业主要包括火电、石化、造纸、冶金、纺织、建材、食品及机械制造等行业，规划分行业提出企业节水要求，

（3）开展企业水量平衡测试和节水改造

在现有企业内部查清全厂各用水部门、用水工艺及用水设备的基本情况，进行取水量、耗水量、重复利用量、排水量的测定，开展企业水量平衡测试，加强用水科学管理。逐步建立水平衡测试指标体系，为水平衡测试的推广提高技术标准。

"十三五"期间，推动硫酸钾副产母液强蒸循环节水项目的科学研究工作，

研究采取强蒸的方式将淡水全部回收，提高产品的回收率，解决淡水回用问题。重点开展以青海铝业公司、青海西部矿业集团等典型企业为代表的水平衡测试，掌握用水定额、耗水指标、排水指标、水重复利用率等，评估企业节水工艺和设施可靠性，分析企业节水潜力。

结合受水区主要具体产业类型与行业用水定额，总体而言产业转型升级、技术改造等发展的主要产业整体为节水型企业，结合受水区工业节水措施分析，产业布局符合节水要求。

5.2.2 社会经济发展指标预测

1. 人口与城镇化率预测

结合《青海省"十三五"人口发展规划》、《西宁市城市总体规划（2001—2020年）（2015 年修订）》、《青海省海东市城市总体规划（2016—2030 年）》、东部城市群等地区和行业相关规划对研究区人口自然增长率进行分析，本次报告 2016～2030 年西宁市区、湟中县、湟源县、大通县人口自然增长率为 6.5%，平安区、乐都区人口自然增长率 6%，互助县、民和县人口自然增长率为 8%；2030～2040 年西宁市与海东市各县（区）人口自然增长率为 4%～6%。

《东部城市群西宁都市区战略规划》通过估算 2030 年西宁、海东以外地区（即供水范围以外地区）城镇、农村就业人口数量及异地居住概率推算冬季居住人口数量为 40～50 万人，本次预测 2030 年冬季居住人口结合《东部城市群西宁都市区战略规划》取值，折算到年按 10 万人考虑，2040 年冬季居住人口规模考虑与2030 年相同。

现状研究区总人口 332.7 万人，现状城镇化率 56.1%。预测 2030 年研究区总人口 376.3 万人，城镇化率 70.4%，城镇人口 265 万人；预测 2040 年总人口 398.7万人，城镇化率 81.1%，城镇人口 323.0 万人。

2030 年与 2040 年研究区人口预测成果如表 5.7 和表 5.8 所示。

表 5.7 研究区总人口与城镇化率预测成果

分区		总人口/万人			城镇化率/%		
		基准年	2030 年	2040 年	基准年	2030 年	2040 年
西宁市	市区	128.9	152.3	163.0	87.1	90.0	92.0
	湟源县	13.6	14.9	15.7	21.5	50.0	65.0
	湟中县	47.8	52.2	54.8	45.5	62.3	79.6
	大通县	44.8	49.1	51.6	43.8	60.0	75.0
	小计	235.1	268.5	285.1	66.6	76.9	85.1

续表

分区		总人口/万人			城镇化率/%		
		基准年	2030 年	2040 年	基准年	2030 年	2040 年
海东市	平安区	11.0	12.0	12.5	50.0	70.0	85.0
	乐都区	27.2	29.5	30.7	35.8	53.3	70.5
	互助县	37.0	41.3	43.9	17.6	50.0	65.0
	民和县	22.4	25.0	26.5	36.8	55.0	75.0
	小计	97.6	107.8	113.6	30.8	54.3	71.0
合计		332.7	376.3	398.7	56.1	70.4	81.1

表 5.8　研究区城镇与农村人口预测成果　　　　　单位：万人

分区		城镇人口			农村人口		
		基准年	2030 年	2040 年	基准年	2030 年	2040 年
西宁市	市区	112.3	137.0	149.9	16.6	15.3	13.0
	湟源县	2.9	7.5	10.2	10.7	7.5	5.5
	湟中县	21.7	32.5	43.6	26.1	19.7	11.2
	大通县	19.6	29.4	38.7	25.2	19.6	12.9
	小计	156.5	206.4	242.4	78.6	62.1	42.6
海东市	平安区	5.5	8.4	10.6	5.5	3.6	1.9
	乐都区	9.7	15.7	21.6	17.4	13.8	9.1
	互助县	6.5	20.7	28.5	30.5	20.7	15.4
	民和县	8.2	13.8	19.9	14.1	11.3	6.6
	小计	29.9	58.6	80.6	67.5	49.4	32.0
合计		186.4	265.0	323.0	146.1	111.5	75.6

2. 一般工业增加值预测

结合《湟水流域综合规划》、《青海省水资源综合规划》、《西宁市城市总体规划（2001—2020 年）（2015 年修订）》、《青海省海东市城市总体规划（2016—2030 年）》、东部城市群等地区和行业相关规划，考虑西宁市以及海东市研究区2001～2016 年工业增加值变化情况，2001～2016 年西宁市工业增加值年增长率为21.2%，海东市研究区工业增加值年增长率为17.2%，现状至 2030 年研究区各县（区）工业增加值增速按 9%～10.8%，其中西宁市区、互助县、乐都区、湟源县、民和县增速9.0%，大通县、平安区增速取 9.5%，甘河工业园区增速取 10.8%；2030～2040 年研究区一般工业增加值增长率取值 3.5%～5.0%，其中西宁市区、甘河工业园区、

· 134 ·

乐都区增速 5.0%，湟源县增速 3.5%，其余县（区）增速 4.0%。

现状研究区一般工业增加值 585.7 亿元，预测 2030 年一般工业增加值 2057.0 亿元，2040 年一般工业增加值 3283.8 亿。工业增加值预测如表 5.9 所示。

表 5.9　研究区一般工业增加值预测结果

分区		工业增加值/亿元			工业增加值增速/%	
		现状	2030 年	2040 年	现状至 2030 年	2030~2040 年
西宁市	市区	321.9	1075.6	1752.1	9.0	5.0
	湟源县	8.3	27.7	39.1	9.0	3.5
	湟中县	99.7	417.7	674.1	10.8	4.9
	大通县	49.5	176.3	260.9	9.5	4.0
	小计	479.4	1697.3	2726.2	9.5	4.9
海东市	平安区	21.6	76.8	119.3	9.5	4.5
	乐都区	23.9	79.9	130.2	9.0	5.0
	互助县	33.4	111.5	165.1	9.0	4.0
	民和县	27.4	91.5	142.0	9.0	4.5
	小计	106.3	359.7	556.6	9.1	4.5
研究区合计		585.7	2057.0	3282.8	9.4	4.8

3. 火电行业装机容量预测

基准年研究区已有火电项目为中电投西宁火电厂 2×660MW 超超临界空冷燃煤机组发电项目、华能西宁热电联产 2×350MW 超临界空冷机组发电项目，桥头铝电公司 5×125MW 湿冷机组发电项目，装机容量合计 2645MW。

根据《青海省国民经济和社会发展第十三个五年规划纲要》，2020 年研究区火电装机容量合计 5400MW。经分析规划建设的火电项目均符合《产业结构调整指导目录（2011 年本）》（2013 年修正）产业政策。2030 年和 2040 年研究区火电装机容量均按该规划纲要 2020 年火电装机容量取值，均为空冷机组（表 5.10）。

表 5.10　《青海省国民经济和社会发展第十三个五年规划纲要》研究区火电行业建设规划项目

建设性质	项目名称	建设地点	装机容量/MW	冷却方式	产业政策符合性
续建	万象铝镁热电联产	西宁市湟中县甘河园区	2×350	空冷	
续建	桥头铝"上大压小"火电项目	西宁市大通县	3×660	空冷	属于《产业结构调整指导目录（2011年本）》（2013 年修正）中的鼓励类
新建	民和热电联产	海东市民和县	2×350	空冷	

4. 建筑业和第三产业发展预测

现状研究区建筑业增加值 171.91 亿元、三产增加值 740.47 亿元，分别占现状 GDP 总量的 10.9%、47.0%，2001～2016 年西宁市三产增加值年均增长率为 17.9%，海东市研究区三产增加值年均增长率为 17.7%。结合相关规划，现状至 2030 年建筑业增加值年增长率湟源县、民和县取 7.5%，其余县（区）增速为 8%；2030～2040 年对西宁市区建筑业增加值年增长率取 5.0%，其余县（区）年增长率 4.0%。

现状至 2030 年三产增加值年均增长率西宁市区、平安区、大通县取 9.5%，其余县（区）增速取 8.5%，2030～2040 年，考虑平安曹家堡机场航空港区对服务业的带动作用，三产增加值年均增长率和西宁市区一样均取 6.5%，湟中县为 5.5%，乐都区及其余县（区）增速取 6.0%。

预测 2030 年研究区建筑业与三产增加值分别为 502.2 亿元、2588.5 亿元，2040 年研究区建筑业与三产增加值分别为 778.8 亿元、4811.6 亿元。建筑业与三产增加值预测结果如表 5.11 和表 5.12 所示。

表 5.11　研究区建筑业增加值预测结果

分区		建筑业增加值/亿元			建筑业增加值增速/%	
		现状	2030 年	2040 年	现状至 2030 年	2030～2040 年
西宁市	市区	81.2	238.6	388.6	8.0	5.0
	湟源县	2.8	7.8	11.6	7.5	4.0
	湟中县	19.9	58.4	86.4	8.0	4.0
	大通县	12.5	36.6	54.2	8.0	4.0
	小计	116.4	341.4	540.8	8.0	4.7
海东市	平安区	12.9	37.9	56.2	8.0	4.0
	乐都区	15.0	44.1	65.2	8.0	4.0
	互助县	15.6	45.7	67.7	8.0	4.0
	民和县	12.0	33.1	48.9	7.5	4.0
	小计	55.5	160.8	238.0	7.9	4.0
研究区合计		171.9	502.2	778.8	8.0	4.5

表 5.12　研究区三产增加值预测结果

分区		三产增加值/亿元			三产增加值增速/%	
		现状	2030 年	2040 年	现状至 2030 年	2030～2040 年
西宁市	市区	560.9	1998.5	3751.5	9.5	6.5
	湟源县	9.4	29.5	52.8	8.5	6.0

续表

分区		三产增加值/亿元			三产增加值增速/%	
		现状	2030 年	2040 年	现状至 2030 年	2030～2040 年
西宁市	湟中县	21.1	66.1	112.9	8.5	5.5
	大通县	21.9	68.7	123.1	8.5	6.0
	小计	613.3	2162.8	4040.3	9.4	6.4
海东市	平安区	29.4	104.9	196.9	9.5	6.5
	乐都区	34.6	123.2	220.6	9.5	6.0
	互助县	40.1	125.5	224.8	8.5	6.0
	民和县	23.0	72.1	129.0	8.5	6.0
	小计	127.1	425.7	771.3	9.0	6.1
研究区合计		740.5	2588.5	4811.6	9.4	6.4

5. 养殖业发展预测

2016 年牲畜年末存栏数合计 312 万头（只），其中大牲畜 52.7 万头（只），小牲畜 259.3 万头（只）。结合《湟水流域综合规划》中 2030 年湟水干流区牲畜养殖规模与《青海省农业现代化实施方案（2016—2020 年）》中畜牧业区域布局优化目标，研究区畜牧业以规模化经营、标准化养殖、绿色化发展为导向，大力发展农区规模养殖和牧区舍饲半舍饲养殖，牲畜数量增长主要以牛羊数量为主。结合西宁市与海东市畜牧业发展相关规划，考虑规模化养殖的带动，现状至 2030 年西宁市区年均增长速度为 0.5%，乐都区 1.0%、民和县 2.0%，其余县（区）增长速度为 1.5%；2030 至 2040 年西宁市区年均增长速度为 0.5%，平安区、民和县年均增长速度为 1.5%，其余县（区）增长速度为 1.0%。

预测 2030 年研究区牲畜总数 365.5 万头（只），其中大牲畜 64.6 万头（只），小牲畜 300.9 万头（只）；2040 年研究区牲畜总数 406.6 万头（只），其中大牲畜 71.8 万头（只），小牲畜 334.8 万头（只）（表 5.13）。

表 5.13　研究区牲畜数量预测结果　　单位：万头（只）

分区		现状年			2030 年			2040 年		
		大牲畜	小牲畜	小计	大牲畜	小牲畜	小计	大牲畜	小牲畜	小计
西宁市	市区	0.5	4.2	4.7	0.5	4.5	5.0	0.5	4.7	5.2
	湟源县	6.2	34.4	40.6	7.7	39.5	47.2	8.5	43.7	52.2
	湟中县	14.0	54.8	68.8	17.2	63.0	80.2	19.0	69.6	88.6
	大通县	15.5	15.0	30.5	19.1	17.2	36.3	21.1	19.0	40.1
	小计	36.2	108.4	114.6	44.5	124.2	168.7	49.1	137.0	186.1

续表

分区		现状年			2030 年			2040 年		
		大牲畜	小牲畜	小计	大牲畜	小牲畜	小计	大牲畜	小牲畜	小计
海东市	平安区	1.6	14.2	15.8	2.0	17.5	19.5	2.3	20.3	22.7
	乐都区	5.7	40.0	45.7	6.5	46.0	52.6	7.2	50.8	58.1
	互助县	4.9	72.3	77.2	6.0	83.1	89.1	6.7	91.8	98.5
	民和县	4.3	24.4	28.7	5.6	30.1	35.7	6.5	34.9	41.4
	小计	16.5	150.9	167.4	20.1	176.7	196.8	22.7	197.8	220.5
合计		52.7	259.3	312	64.6	300.9	365.8	71.8	334.8	406.6

6. 农田和林草规模预测

根据统计，基准年研究区总灌溉面积 141.7 万亩，其中农田灌溉面积为 109.8 万亩，林草灌溉面积为 31.9 万亩。

根据《湟水流域综合规划》，为改善流域内农业生产条件和生态环境，帮助贫困群众脱贫致富，增加群众收入，提高人均占有粮食水平，全面建设小康社会，促进流域民族共同富裕，构建和谐社会，根据湟水流域土地资源情况和开发的难易程度，合理进行灌区建设，发展农、林、牧各业和农村经济，是十分必要的。

《湟水流域综合规划》提出研究区灌溉发展，首先要加强现有灌区的节水改造和配套建设，进一步提高现状灌区水资源利用效率和效益；二要综合考虑水资源条件的制约以及土地资源的合理利用，与水源工程建设相匹配，以中低产旱地为重点，进行旱改水；三要遵循国家有关土地管理法规以及退耕还林还草等有关政策，按照宜农则农、宜林则林、宜草则草的原则，因地制宜的合理发展灌溉面积，禁止新开垦荒坡荒地，尽量避免在坡度 15°以上的浅山区发展灌溉面积；四要严格按节水规范的节水标准进行建设，新增灌溉面积按 2%安排喷灌高新节水面积，2%安排设施农业面积；五要结合高标准农田建设空间布局，统筹安排灌区发展，优先在高标准农田建设区同步实施灌区工程。目前流域川水地已基本灌溉化，扣除地形支离破碎、坡度超过 15°的耕地，研究区内湟水干流南北两岸浅山耕地具有可以发展"旱地改水浇地"、扩大部分灌溉面积的条件。

根据《青海省水资源综合规划》、《湟水流域综合规划》、《青海省湟水规模化林场建设试点规划（2018—2025 年）》、《青海省河湟地区水利综合工程规划》、北干一期、北干二期、西干渠等工程可研和初设规划报告等成果，灌溉面积发展主要考虑研究区内已建的北干一期、在建的北干二期和西干渠、规划的南干渠等灌区建设，以及规划的湟水干流南北两岸生态林灌溉等。2030 年研究区新增灌溉面积 206.38 万亩，其中新增农田灌溉面积 119.94 万亩，林草灌溉面积 86.44 万亩；

2030～2040 年研究区新增灌溉面积 50.0 万亩，为生态林灌溉。

2030 年研究区总灌溉面积达到 348.05 万亩，其中农田灌溉面积 229.70 万亩，林草灌溉面积达到 118.35 万亩。2040 年研究区总灌溉面积达到 398.05 万亩，其中农田灌溉面积维持 2030 年水平，为 229.70 万亩；林草灌溉面积达到 168.35 万亩（表 5.14）。

表 5.14　研究区不同水平年灌溉面积预测表　　　　　　单位：万亩

分区		农田			林牧			合计		
		基准年	2030 年	2040 年	基准年	2030 年	2040 年	基准年	2030 年	2040 年
西宁市	市区	5.19	5.19	5.19	11.69	11.69	11.69	16.88	16.88	16.88
	湟源县	13.82	15.42	15.42	3.78	3.78	3.78	17.6	19.20	19.20
	湟中县	19.8	41.16	41.16	3.48	16.00	17.90	23.28	57.16	59.06
	大通县	15.53	40.16	40.16	2.92	8.12	10.61	18.45	48.28	50.77
	小计	54.33	101.92	101.92	21.87	39.59	43.98	76.2	141.51	145.90
海东市	平安区	6.59	10.13	10.13	4.52	17.76	17.76	11.11	27.89	27.89
	乐都区	17.75	41.19	41.19	1.05	23.81	53.48	18.8	65.00	94.67
	互助县	22.47	57.42	57.42	1.55	11.43	27.37	24.02	68.85	84.79
	民和县	8.63	19.03	19.03	2.88	25.76	25.76	11.52	44.80	44.80
	小计	55.44	127.77	127.77	10	78.76	124.37	65.45	206.54	252.15
合计		109.78	229.70	229.70	31.87	118.35	168.35	141.65	348.05	398.05

7. 河道外生态发展指标

基准年研究区人均绿地面积 10.0m²/人，其中西宁市 10.8m²/人、海东市 6.4m²/人。2030 年研究区人均绿地面积 15.4m²/人，其中西宁市 15.8m²/人、海东市 14.0m²/人。2040 年研究区人均绿地面积 17.7m²/人，其中西宁市 18.4m²/人、海东市 15.7m²/人。

河湖补水面积主要考虑河道外的人工景观水体面积（包括与湟水干支流隔离的景观水体以及不属于污水处理的人工湿地景观水体），基准年河湖补水面积主要集中在西宁市市区海东市平安、乐都区等区（县），河道外景观水体面积主要考虑人工湖面积，西宁市包含人工景观水体的公园与湿地主要有：红叶谷、麒麟湾、人民公园、鲁青水上公园、北海公园、湟乐公园、东郊宁湖湿地公园、海湖新区湿地、新磨林湿地公园、桥头公园人工湖，海东市包含人工景观水体的公园与湿地主要有：平安心湿地公园、西海南园、蚂蚁山湿地公园与大地湾湿地公园，基准年河湖水体面积为 92.9hm²。

规划年河道外河湖补水面积预测主要依据《东部城市群西宁都市区战略规划》、《青海乐都大地湾国家湿地公园总体规划（2016—2022）》、《青海互助南门峡国家湿地公园总体规划（2014—2020）》、《青海西宁湟水国家湿地公园总体规划》、《湟水流域水环境综合治理规划》等规划中人工景观水体面积进行分析，考虑西宁湟水国家湿地公园、西堡生态森林公园水滩湿地、南川湿地公园、多巴公园、西纳川公园、西川湿地公园、湟中县多巴新城扎麻隆湿地公园、互助南门峡国家湿地公园、乐都朝阳山山体森林公园、民和县巴州河湿地公园等的规划建设，2030年与2040年研究区河道外景观河湖补水面积均为 140.1hm^2。

2030 年与 2040 年河道外城镇生态发展指标预测如表 5.15 所示。

表 5.15　研究区河道外城镇生态发展指标预测

分区		城镇绿地面积/hm^2			环卫面积/hm^2			河湖补水面积/hm^2		
		基准年	2030 年	2040 年	基准年	2030 年	2040 年	基准年	2030 年	2040 年
西宁市	市区	1347.9	2329.6	2968.4	348.2	452.2	466.3	76.5	95.0	95.0
	湟源县	28.7	93.1	152.7	9.1	24.6	31.7	4.0	5.2	5.2
	湟中县	150.7	552.6	864.2	67.4	107.3	135.7	0.0	2.0	2.0
	大通县	157.1	294.3	464.1	60.9	97.1	120.3	2.4	5.4	5.4
	小计	1684.4	3269.6	4449.4	485.6	681.2	754.0	82.9	107.6	107.6
海东市	平安区	39.5	167.6	211.8	22.4	35.7	40.9	5.0	6.0	6.0
	乐都区	54.6	188.9	324.5	39.5	67.1	83.6	5.0	6.0	6.0
	互助县	39.1	258.3	427.8	26.5	88.0	110.1	0.0	18.5	18.5
	民和县	57.6	206.3	298.6	33.4	58.6	76.8	0.0	2.0	2.0
	小计	190.8	821.1	1262.9	121.8	249.4	311.4	10.0	32.5	32.5
合计		1875.2	4090.7	5712.3	607.4	930.6	1065.4	92.9	140.1	140.1

此外根据《中共西宁市委西宁市人民政府关于建设绿色发展样板城市的实施意见》以及《西宁城市绿芯森林公园规划（2016—2025）》，西宁市规划建设"一芯两屏三廊道"城市新型生态格局，打造"生态山水园林城市"，着力提升人居环境，其中的"一芯"是绿芯森林公园，通过建设大规模城市集中绿地，打造城市"绿芯"，滋养城市绿肺；"二屏"是大力推动拉脊山、大坂山两个绿化生态屏障建设，加强南北山三期绿化建设；"三廊道"是将以湟水河、南川河、北川河为依托，构建三条生态绿色廊道。本次预测河道外生态发展中将绿芯森林公园考虑在内，按照生态绿芯重点项目中的西宁西堡生态森林公园、多巴郊野公园、城市山体公园群等项目按 25 万亩规模考虑，该项目规划于 2025 年建成，2030 年

与 2040 年绿芯森林公园面积均采用 25 万亩。

5.3 节水优先下经济社会发展需水预测

5.3.1 社会经济发展需水预测

1. 居民生活需水预测

基准年研究区城镇生活需水量为 7925 万 m^3，农村生活需水量为 3415 万 m^3，用水定额分别为 116.3L/（人·d）和 64.1L/（人·d）。根据《青海省用水定额》（DB63/T 1429—2015），考虑到 2030 年与 2040 年城镇居民生活水平的提高对生活用水定额增大的影响，2030 年西宁市区城镇生活用水定额为 130L/（人·d），其余县（区）为 120L/（人·d）；2040 年西宁市区城镇居民生生活用水定额为 140L/（人·d），其余县（区）为 130L/（人·d）。2030 年农村居民生活用水定额西宁市区 85L/（人·d），平安区与乐都区 75L/（人·d），其余县（区）70L/（人·d），2040 年农村居民生活用水定额西宁市区 90L/（人·d），平安区与乐都区为 80L/（人·d），其余县（区）75L/（人·d）。

结合人口发展预测结果，预测 2030 年和 2040 年城镇居民生活需水量分别为 12 105 万 m^3 和 15878 万 m^3；农村居民生活需水量分别为 2949 万 m^3 和 2130 万 m^3。生活需水成果如表 5.16 所示。

表 5.16　居民生活需水预测成果

分区		基准年/万 m^3			2030 年/万 m^3			2040 年/万 m^3		
		城镇	农村	生活总用水	城镇	农村	生活总用水	城镇	农村	生活总用水
西宁市	市区	5004	484	5488	6502	474	6976	7661	428	8089
	湟源县	102	269	371	326	190	517	483	150	633
	湟中县	870	598	1467	1424	494	1918	2071	277	2348
	大通县	824	608	1432	1289	501	1790	1835	353	2188
	小计	6800	1959	8758	9541	1659	11201	12050	1208	13258
海东市	平安区	185	171	356	367	98	465	503	55	557
	乐都区	394	357	751	690	377	1 067	1 027	265	1292
	互助县	262	663	925	905	528	1 433	1 353	420	1774
	民和县	284	265	549	602	287	890	945	182	1126
	小计	1125	1456	2581	2564	1290	3855	3828	922	4749
合计		7925	3415	11339	12105	2949	15056	15878	2130	18007

2. 工业需水预测

基准年研究区非火电工业需水量为 1.32 亿 m³，万元工业增加值用水量为 23m³/万元，各县（区）万元增加值用水量为 15～42m³/万元。随着节水技术的推广、产业结构调整力度的加大、水重复利用率的提高，预计 2030 年研究区非火电行业万元工业增加值用水量下降为 18m³/万元，各县（区）非火电行业万元工业增加值用水量 14～30m³/万元，2040 年研究区非火电行业万元工业增加值用水量为 16m³/万元，各县（区）为 12.8～27m²/万元，需水量分别为 3.67 亿 m³、5.41 亿 m³。与基准年相比，2040 年非火电工业需水增长 4.09 亿 m³，年均增长率 6.0%；用水定额降低了 7m³/万元，下降了 30%，万元工业增加值需水预测结果如表 5.17 所示。

表 5.17　万元工业增加值法需水预测成果

分区		工业需水量/万 m³			万元工业增加值用水量/（m³/万元）		
		基准年	2030 年	2040 年	基准年	2030 年	2040 年
西宁市	市区	6438	17210	26281	20	16	15
	湟源县	350	832	1 056	42	30	27
	湟中县	1419	5682	8644	14	14	13
	大通县	1979	4935	6522	40	28	25
	小计	10186	28659	42503	21	17	16
海东市	平安区	332	1316	2318	15	14	13
	乐都区	979	1998	2864	41	25	22
	互助县	1173	3122	4127	35	28	25
	民和县	568	1646	2273	21	18	16
	小计	3052	8082	11582	29	22	21
合计		13238	36741	54085	23	18	16

将两种方法计算的需水量对比，此处 2030 年与 2040 年采用预测结果较小值 3.67 亿 m³ 与 5.41 亿 m³（万元工业增加值法预测成果）作为研究区一般工业需水量。

采用国家标准《取水定额　第 1 部分：火力发电》（GB/T 18916.1—2012）中定额值预测 2030 年与 2040 年火电行业需水量均为 2150 万 m³。

3. 建筑业与三产需水预测

研究区基准年建筑业用水定额 7.7m³/万元，建筑业用水 1320 万 m³。随着节水技术的提高，采用先进施工技术和高性能混凝土等措施，预测 2030 年研究区各县（区）建筑业万元增加值用水定额为 3.5～6m³/万元，2040 年为 3～5m³/万元。

需水量分别为 2477 万 m³ 和 3117 万 m³，建筑业需水预测结果如表 5.18 所示。

表 5.18　建筑业需水预测成果

分区		建筑业需水量/万 m³			建筑业需水定额/（m³/万元）		
		基准年	2030 年	2040 年	基准年	2030 年	2040 年
西宁市	市区	528	1193	1555	6.5	5.0	4.0
	湟源县	28	39	46	10.0	5.0	4.0
	湟中县	327	350	432	16.5	6.0	5.0
	大通县	125	220	271	10.0	6.0	5.0
	小计	1008	1802	2304	8.7	5.3	4.3
海东市	平安区	52	133	168	4.0	3.5	3.0
	乐都区	134	220	261	8.9	5.0	4.0
	互助县	78	206	237	5.0	4.5	3.5
	民和县	48	116	147	4.0	3.5	3.0
	小计	312	675	813	5.6	4.2	3.4
合计		1320	2477	3117	7.7	4.9	4.0

研究区基准年三产需水定额 8.4m³/万元，用水量为 6195 万 m³。随着用水户节水器具的不断普及，预计到 2030 年研究区各县（区）三产万元增加值用水 5～6m³/万元，2040 年定额为 4.5～5.0m³/万元，2030 年与 2040 年第三产业需水量分别为 13404 万 m³ 和 21948 万 m³。研究区第三产业需水预测结果如表 5.19 所示。

表 5.19　三产需水量预测成果

分区		三产需水量/万 m³			三产需水定额/（m³/万元）		
		基准年	2030 年	2040 年	基准年	2030 年	2040 年
西宁市	市区	3727	9993	16882	6.6	5.0	4.5
	湟源县	217	162	238	23.0	5.5	4.5
	湟中县	442	397	564	21.0	6.0	5.0
	大通县	395	412	616	18.0	6.0	5.0
	小计	4781	10964	18300	7.8	5.1	4.5
海东市	平安区	172	577	886	5.9	5.5	4.5
	乐都区	657	678	993	19.0	5.5	4.5
	互助县	401	753	1124	10.0	6.0	5.0
	民和县	184	432	645	8.0	6.0	5.0
	小计	1414	2440	3648	11.1	5.7	4.7
合计		6195	13404	21948	8.4	5.2	4.6

综上所述，2030 年研究区建筑业和第三产业总需水量为 1.59 亿 m³，2040 年为 2.51 亿 m³。

4. 农田林草灌溉需水预测

（1）现状灌区农田林草灌溉需水

研究区现状总灌溉面积 141.7 万亩，其中农田灌溉面积为 109.8 万亩，林草灌溉面积 31.9 万亩。

基准年农田灌溉水利用系数为 0.53，农田灌溉需水量为 48354 万 m³，灌溉毛定额为 440m³/亩；林草灌溉需水量为 8013 万 m³，灌溉毛定额为 251m³/亩。随着节水改造力度加大、种植结构的调整以及灌区管理水平的提高，现状 141.7 万亩灌区的灌溉水利用系数将会不断提高。根据青海省水资源管理控制目标、规划灌区的灌溉方式以及灌区相关节水规划等成果，预计 2030 年和 2040 年研究区现状灌区灌溉水利用系数由 0.53 分别提高到 0.60 和 0.65，农田灌溉毛定额下降为 393m³/亩和 363m³/亩，农田灌溉需水量分别为 4.31 亿 m³ 和 3.98 亿 m³；2030 年、2040 年研究区现状林草灌溉毛定额均下降为 201m³/亩，林草灌溉需水量均为 0.64 亿 m³。

（2）新建灌区农田林草灌溉需水

根据引大济湟北干一期、北干二期、西干渠等工程可研和初设报告及工程用水许可相关批复文件，北干一期 30 万亩灌区需水量为 0.45 亿 m³，北干二期 40 万亩灌区需水量为 0.81 亿 m³，西干渠 30 万亩农田灌溉面积的用水量为 0.78 亿 m³；规划南岸 40 万亩农田和林果地的综合毛灌溉定额为 250m³/亩，灌溉水利用系数为 0.709，灌溉需水量为 1.0 亿 m³；南岸 55 万亩生态林的灌溉毛定额为 154m³/亩，灌溉水利用系数为 0.709，灌溉需水量为 0.85 亿 m³；北岸 50 万亩生态林的灌溉毛定额为 138m³/亩，灌溉水利用系数为 0.78，灌溉需水量为 0.69 亿 m³。当地规划的湟源县湟海渠与南山渠扩建、湟中县西纳川水库、盘道水库、小南川水库二期等新建灌区的面积合计 11.33 万亩，需水量为 0.3 亿 m³。

通过对现状与新建灌区农田林草需水预测，2030 年研究区农业灌溉需水量为 9.14 亿 m³，其中农田灌溉需水量为 7.10 亿 m³，林草灌溉需水量为 2.04 亿 m³，研究区农田灌溉水利用系数提高到 0.62。2040 年研究区农业灌溉需水量为 9.5 亿 m³，其中农田灌溉需水量为 6.77 亿 m³，林草灌溉需水量为 2.73 亿 m³，研究区农田灌溉水利用系数提高到 0.65。

研究区农田灌溉毛定额为基准年 440m³/亩、2030 年 309m³/亩、2040 年 295m³/亩，林草灌溉毛定额为基准年 251m³/亩、2030 年 172m³/亩、2040 年 162m³/亩，农田与林草灌溉综合毛定额为基准年 398m³/亩、2030 年 263m³/亩、2040 年 239m³/亩。各水平年农田和林草灌溉需水量如表 5.20 所示。

表 5.20　农田林草灌溉需水量预测　　　　　单位：万 m³

分区		农田			林草			农田林草合计		
		基准年	2030 年	2040 年	基准年	2030 年	2040 年	基准年	2030 年	2040 年
西宁市	市区	2464	2143	1929	3088	2417	2417	5553	4560	4346
	湟源县	3721	3623	3323	653	521	521	4374	4145	3844
	湟中县	8631	12995	12192	938	2688	2907	9569	15683	15099
	大通县	6013	11140	10617	771	1639	1927	6784	12779	12544
	小计	20829	29901	28061	5450	7266	7772	26280	37167	35833
海东市	平安区	2667	3238	3054	1128	2614	2614	3794	5852	5669
	乐都区	8931	13610	13232	254	4031	8596	9186	17642	21829
	互助县	11529	17157	16553	368	1745	3585	11897	18902	20137
	民和县	4398	7124	6832	813	4735	4735	5211	11859	11567
	小计	27525	41129	39671	2563	13125	19530	30088	54255	59202
合计		48354	71030	67732	8013	20391	27302	56368	91422	95035

5. 牲畜需水预测

研究区基准年牲畜用水量为 1683 万 m³，折合用水定额为 16.3L/［头（只）·d］，规划水平年大牲畜用水定额为 40L/［头（只）·d］，小牲畜用水定额为 15L/［头（只）·d］。预测 2030 年、2040 年研究区牲畜需水量分别为 2592 万 m³ 和 2881 万 m³。研究区牲畜需水量预测成果如表 5.21 所示。

表 5.21　牲畜需水预测成果

分区		牲畜需水量/万 m³			牲畜需水定额/［L/（头（只）·d）］		
		基准年	2030 年	2040 年	基准年	2030 年	2040 年
西宁市	市区	30	32	33	17.5	17.5	17.5
	湟源县	70	329	363	4.7	19.1	19.1
	湟中县	404	596	658	20.2	20.4	20.4
	大通县	241	373	412	42.7	28.1	28.1
	小计	745	1330	1466	17.7	21.6	21.6
海东市	平安区	71	125	145	12.3	17.6	17.6
	乐都区	302	347	384	18.1	18.1	18.1
	互助县	379	543	600	13.5	16.7	16.7
	民和县	186	247	286	17.8	18.9	18.9
	小计	938	1262	1415	15.4	17.6	17.6
合计		1683	2592	2881	16.3	19.4	19.4

6. 河道外生态需水预测

河道外生态环境需水包括城镇绿化、河湖补水、城市环卫、西宁市"绿芯"发展需水等，采用定额法预测基准年研究区河道外需水 3918 万 m³，2030 年需水 8630 万 m³，2040 年需水 9701 万 m³。城镇生态环境需水预测成果如表 5.22 所示。

表 5.22　河道外生态需水预测　　　　　单位：万 m³

分区		2030 年				2040 年			
		城镇绿地	城镇环卫	河湖补水	合计	城镇绿地	城镇环卫	河湖补水	合计
西宁市	市区	4571	326	1582	6479	4954	336	1582	6872
	湟源县	56	18	87	160	92	23	87	201
	湟中县	332	77	33	442	519	98	33	650
	大通县	177	70	90	336	278	87	90	455
	小计	5136	491	1792	7417	5843	544	1792	8178
海东市	平安区	101	26	100	226	127	29	100	256
	乐都区	113	48	100	262	195	60	100	355
	互助县	155	63	308	526	257	79	308	644
	民和县	124	42	33	199	179	55	33	268
	小计	493	179	541	1213	758	223	541	1523
合计		5629	670	2333	8630	6601	767	2333	9701

注：西宁市区城镇绿地需水包含"绿芯"需水 3173 万 m³

研究区基准年多年平均需水量为 9.47 亿 m³，2030 年总需水量 17.25 亿 m³，2040 年总需水 21.23 亿 m³。基准年至 2030 年需水量增加 7.78 亿 m³，年增长率 4.4%。2030 年至 2040 年需水量增加 3.98 亿 m³，年增长率 2.1%（表 5.23）。

表 5.23　基准年河道外需水预测　　　　　单位：万 m³

分区		生活	工业	建筑三产	农田	林草	牲畜	生态	总计
西宁市	市区	5488	6438	4255	2464	3088	30	2638	24401
	湟源县	371	350	245	3721	653	70	110	5520
	湟中县	1467	1419	769	8631	938	404	203	13831
	大通县	1432	2639	520	6013	771	241	227	11843
	小计	8758	10846	5789	20829	5450	745	3 178	55595
海东市	平安区	356	332	224	2667	1128	71	140	4918
	乐都区	751	979	791	8931	254	302	161	12169

续表

分区		生活	工业	建筑三产	农田	林草	牲畜	生态	总计
海东市	互助县	925	1173	479	11529	368	379	347	15199
	民和县	549	568	232	4398	813	186	92	6838
	小计	2581	3052	1726	27525	2563	938	740	39125
合计		11339	13898	7515	48354	8013	1683	3918	94720

各行业中，城乡居民生活需水量由现状年的 1.13 亿 m³ 增加到 2040 年 1.92 亿 m³，年增长率为 2.2%；随着工业园区的发展，工业需水由基准年的 1.39 亿 m³ 增加到 2040 年的 6.08 亿 m³，年增长率为 6.3%。该需水方案下现状年至 2040 年需水年增长率为 3.4%，2030 年与 2040 年需水预测结果如表 5.24 与表 5.25 所示。

表 5.24　研究区 2030 年河道外总需水量预测表　　　单位：万 m³

分区		生活	工业	建筑三产	农田	林草	牲畜	生态	总计
西宁市	市区	6976	17210	11185	2143	2417	32	6479	46442
	湟源县	517	832	201	3623	521	329	160	6183
	湟中县	1918	6789	747	12995	2688	596	442	26175
	大通县	1790	5670	632	11140	1639	373	336	21580
	小计	11201	30501	12765	29901	7265	1330	7417	100380
海东市	平安区	465	1316	710	3238	2614	125	226	8694
	乐都区	1067	1998	898	13610	4031	347	262	22213
	互助县	1433	3122	959	17157	1745	543	526	25485
	民和县	890	1955	548	7124	4735	247	199	15698
	小计	3855	8391	3115	41129	13126	1262	1213	72090
合计		15056	38891	15881	71030	20390	2592	8630	172470

表 5.25　研究区 2040 年河道外总需水量预测表　　　单位：万 m³

分区		生活	工业	建筑三产	农田	林草	牲畜	生态	总计
西宁市	市区	8089	26281	18436	1929	2417	33	6872	64057
	湟源县	633	1056	284	3323	521	363	201	6381
	湟中县	2348	9751	996	12192	2907	658	650	29502
	大通县	2188	7257	886	10617	1927	412	455	23742
	小计	13258	44345	20602	28061	7772	1466	8178	123682

续表

分区		生活	工业	建筑三产	农田	林草	牲畜	生态	总计
海东市	平安区	557	2318	1055	3054	2614	145	256	10000
	乐都区	1292	2864	1254	13232	8596	384	355	27978
	互助县	1774	4127	1361	16553	3585	600	644	28643
	民和县	1126	2581	792	6832	4735	286	268	16621
	小计	4749	11890	4462	39671	19530	1415	1523	83240
合计		18007	56235	25064	67732	27302	2881	9701	206922

5.3.2 需水预测合理性分析

1. 社会经济发展指标合理性分析

（1）人口规模

《湟水流域综合规划》中湟水干流区 2014～2030 年人口年均增长率 7.3‰，《青海省水资源综合规划》中 2013～2030 年人口年均增长率 7.8‰、2030～2040 年人口年均增长率 6.3‰。根据《青海省"十三五"人口发展规划》，"十二五"时期青海全省人口自然增长率连续五年保持在 9‰以下，年均自然增长率为 8.32‰。结合《兰州—西宁城市群发展规划》中"引导人口稳定增长和适度集聚"以及《青海省人口与计划生育条例》（2016 年）中"提倡一对夫妻生育两个子女、牧区少数民族牧民一对夫妻可以生育三个子女"等内容，本次人口预测分析西宁市与海东市人口自然增长率与相关规划及政策相协调。

（2）城镇化率

《湟水流域综合规划》中湟水干流 2030 年城镇化率为 66.8%，《青海省水资源综合规划》中湟水流域城镇化率 2030 年为 78.1%，2040 年为 83.1%。根据《兰州—西宁城市群发展规划》中"不断增强对人口的吸引力，吸引周边重点生态功能区人口专业就业"以及"提高城市宜居度，进一步集聚人口"等内容。此处考虑兰西城市群规划实施对人口聚集的促进作用，根据西宁市、海东市以及各县（区）城市发展总体规划对城镇化率进行分析，符合研究区城镇化率发展水平，并与相关规划相协调。

（3）一般工业增加值

结合《湟水流域综合规划》、《西宁市城市总体规划（2001—2020 年）（2015年修订）》、《青海省海东市城市总体规划（2016—2030 年）》等地区和行业相关规划分析研究区工业增加值增长情况。《湟水流域综合规划》中湟水流域 2014～2030

年非火电工业增加值由 556.5 亿元增长至 2806.8 亿元，年均增长率 10.6%。本次预测研究区 2030 年非火电工业增加值 2057.1 亿元，现状 2016～2030 年工业增加值年增长率 9.4%，均小于《湟水流域综合规划》中非火电工业增加值年均增速及 2030 年增加值。

改革开放 40 年来，青海省工业增加值增加了 51.6 倍，截至 2017 年，青海省工业增加值已达 90.63 亿元。根据《兰州—西宁城市群发展规划》中提出的将兰—西城市群打造为西北地区重要的经济增长极、国家重要产业基地的目标。2001～2016 年西宁市工业增加值年增长率为 21.2%，海东市研究区工业增加值年增长率为 17.2%。《西宁市"十三五"工业和信息化发展规划》与《海东市"十三五"工业发展规划》提出"十三五"期间西宁市与海东市工业增加值年均增长率分别为 11% 与 12%。

与同处西北地区的宁夏宁东能源化工基地所处地区灵武市工业增加值增速对比分析，灵武市工业增加值 2010 年为 114.3 亿元，2016 年为 305.1 亿元，工业增加值年均增长率 17.78%，2010～2016 年工业增加值保持较高的发展增速。

本次基准年至 2030 年工业增加值增速西宁市整体为 9.5%、海东市整体为 9.1%，2030～2040 年西宁市整体工业增加值增长率 4.9%，海东市整体工业增加值增长率 4.5%，符合西宁市与海东市研究区工业增加值变化趋势，与相关规划相协调，并小于同类型工业发展阶段典型地区工业增加值增速。

（4）人均 GDP

根据研究区人口预测规模及一产、二产、三产增加值预测，基准年、2030 年与 2040 年 GDP 分别为 1575 亿元、5361 亿元与 9239 亿元，当地总人口（预测人口扣除冬季居住人口）分别为 332 万人、366.3 万人与 388.6 万人，计算基准年、2030 与 2040 年人均 GDP 分别为 4.7 万元、14.6 万元与 23.8 万元。现状至 2040 年人均 GDP 年增长率为 7.0%。根据清华大学国情研究院课题组的研究成果《中国经济增长前景及动力分析（2015—2050）》，2015～2040 年人均 GDP 增速为 4.38%～5.1%，考虑研究区为西部地区，随着《兰州—西宁城市群发展规划》的逐步实施，西宁将作为中国经济发展的新增长极，将大力带动研究区的经济社会发展，此处预测的现状至 2040 年人均 GDP 增长率 7.0%高于上述研究我国人均 GDP 增速结论合理。

（5）牲畜规模

本次研究区对应的《湟水流域综合规划》中 2030 年牲畜数量为 414.05 万头（只），本次研究区预测 2030 年牲畜数量 365.7 万头（只），2040 年牲畜数量为 406.8 万头（只），均小于《湟水流域综合规划》中 2030 年牲畜数量。

（6）河道外生态指标

《东部城市群西宁都市区战略规划》中西宁市人均绿地面积 $16.7m^2$，《青海省海东市城市总体规划（2016—2030 年）》中海东市 2030 年人均绿地面积为 $15m^2$。《青海省水资源综合规划》中湟水流域 2030 年、2040 年城镇人均绿地面积为 $18.35m^2$/人与 $18.6m^2$/人。参考《国家级生态县建设指标》，国家级生态县建设指标中城镇人均公共绿地面积不小于 $12m^2$/人。

本次预测 2030 年和 2040 年研究区城镇绿化人均面积分别为 $15.4m^2$ 与 $17.7m^2$。与相关标准、规划中人均绿地面积发展趋势相协调。

2. 需水定额合理性分析

（1）居民生活需水定额

《青海省水资源综合规划》中湟水流域 2030 年城镇居民与农村居民生活用水定额分别为 132L/（人·d）与 72L/（人·d），2040 年城镇居民与农村居民生活用水定额分别为 157L/（人·d）与 86L/（人·d）；《湟水流域综合规划》中湟水干流 2030 年城镇居民与农村居民生活用水定额分别为 127L/（人·d）与 70L/（人·d）。本次预测 2030 年城镇居民平均生活用水定额 125L/（人·d），农村居民平均生活用水定额 73L/（人·d），2040 年城镇居民平均生活用水定额 145L/（人·d），农村居民平均生活用水定额 77L/（人·d），与相关规划中生活用水定额相协调。

（2）万元工业增加值用水量

《湟水流域综合规划》中湟水干流 2030 年非火电行业用水定额为 $21m^3$/万元，《青海省水资源综合规划》中湟水流域 2030 年非火电行业用水定额为 $24m^3$/万元，2040 年定额为 $16m^3$/万元。本次预测 2030 年万元工业增加值用水量严格于《湟水流域综合规划》与《青海省水资源综合规划》中定额值，2040 年万元工业增加值用水量与《青海省水资源综合规划》中定额值相同。

（3）第三产业、建筑业用水定额

《青海省水资源综合规划》中湟水流域 2030 年、2040 年湟水流域建筑业用水定额分别为 $9m^3$/万元、$8m^3$/万元，本次预测研究区 2030 年、2040 年建筑业用水定额分别为 $4.9m^3$/万元与 $4.0m^3$/万元，均小于《青海省水资源综合规划》中建筑业用水定额。

《湟水流域综合规划》将第三产业与建筑业综合进行需水预测，2030 年三产与建筑业综合万元增加值用水为 $5.1m^3$/万元。本次预测 2030 年建筑业与三产增加值共计 3090.8 万元，预测三产与建筑业需水共计 15881 万 m^3，则 2030 年建筑业与三产万元增加值用水量为 $5.1m^3$/万元，同《湟水流域综合规划》中该定额值相同。

（4）牲畜用水定额

《青海省用水定额》(DB 63/T 1429—2015)中大牲畜用水定额为 40L/(头·d)，小牲畜中羊的定额为 8L/（只·d），猪的定额为 30L/（头·d）。本次需水预测大牲畜用水定额采用 40L/（头·d），考虑到青海省畜牧业特点，小牲畜用水定额采用 15L/［头（只）·d］，与《青海省用水定额》（DB 63/T 1429—2015）相协调。

（5）河道外生态用水定额

河道外城镇生态需水包括城镇绿化、河湖补水和城市环卫等，河道外生态用水优先利用中水。绿地用水定额根据《城市给水工程规划规范》（GB 50282—2016）取值 30m³/（hm²·d），需水预测按绿化浇水每年 200 天考虑。城镇环境卫生用水额根据《城市给水工程规划规范》（GB 50282—2016）取值 40m³/（hm²·d），按每年浇洒 180 天考虑。《城市湿地公园设计导则》（住房城乡建设部，2017 年）对水域设计提出"根据不同动植物需要的水深和水文、气候条件等合理设计水域形态及深度。栖息地水域应以浅水为主（通常为 1m 以下；北方地区水深应适当加大），同时包含部分较深水域（3～4m），为深水鱼类等底栖生物提供生境"。结合该导则，此处对河道外景观水体平均水深按 1.5m 考虑，《城市污水再生利用　景观环境用水水质》（GB/T 18921—2002）指出"完全使用再生水作为景观湖泊类水体，在水温超过 25℃时，其水体静止停留时间不宜超过 3 天，而在水温不超过 25℃时，则可适当延长水体静止停留时间，冬季可延长水体静止停留时间至一个月左右"，考虑研究区位于高寒地区，本次景观水体需水预测中水体置换次数按 10 次考虑，水面蒸发量与降水量采用湟水流域多年平均蒸发与降水量，河道外生态用水定额选取均符合相关国家标准规范。

5.3.3　多方案需水预测

根据需水预测研究进展，考虑远期需水预测过程不确定性过大，增加多方案情景分析预测 2040 年的需水量为 20.69 亿 m³，该需水方案下现状年至 2040 年需水年增长率为 3.3%。考虑到 2040 年需水预测成果存在一定不确定性，在基本需水方案预测（20.69 亿 m³）的基础上，通过增加与降低 2030～2040 年期间研究区工业、建筑业、三产增加值年均增速，增加三个 2040 年需水方案，三个需水方案下现状年至 2040 年研究区需水总量年增长率分别为 3.7%、3.4%、3.0%。

按现状年至 2040 年研究区需水年均增长率由大到小排列对方案编号，如表 5.26～表 5.29 所示，年增长率 3.7%作为方案一（2040 年需水量 22.90 亿 m³）、年增长率 3.4%作为方案二（2040 年需水量 21.23 亿 m³）、年增长率 3.3%作为方案三（2040 年需水量 20.69 亿 m³）、年增长率 3.0%作为方案四（2040 年需水量 19.33 亿 m³）。各方案生活、农田、林草、牲畜、河道外生态需水量相同，工业、建筑业、三产需水量有变化。

表 5.26　方案一　2040 年河道外需水量（现状年至 2040 年总需水量年增速 3.7%）

单位：万 m³

分区		生活	工业	建筑三产	农田	林草	牲畜	生态	总计
西宁市	市区	8089	33254	23168	1929	2417	33	6872	75762
	湟源县	633	1406	317	3323	521	363	201	6764
	湟中县	2348	12568	1198	12192	2907	658	650	32521
	大通县	2188	9816	1004	10617	1927	412	455	26419
	小计	13258	57044	25687	28061	7772	1466	8178	141466
海东市	平安区	557	2826	1291	3054	2614	145	256	10745
	乐都区	1292	3624	1600	13232	8596	384	355	29084
	互助县	1774	5746	1521	16553	3585	600	644	30423
	民和县	1126	3188	886	6832	4735	286	268	17322
	小计	4749	15384	5 298	39671	19530	1415	1523	87573
合计		18007	72428	30985	67732	27302	2881	9701	229036

表 5.27　方案二　2040 年河道外需水量（现状年至 2040 年总需水量年增速 3.4%）

单位：万 m³

分区		生活	工业	建筑三产	农田	林草	牲畜	生态	总计
西宁市	市区	8089	28894	18436	1929	2417	33	6872	66670
	湟源县	633	1108	284	3323	521	363	201	6433
	湟中县	2348	10901	996	12192	2907	658	650	30652
	大通县	2188	7912	886	10617	1927	412	455	24397
	小计	13258	48815	20602	28061	7772	1466	8178	128152
海东市	平安区	557	2473	1055	3054	2614	145	256	10154
	乐都区	1292	3004	1254	13232	8596	384	355	28117
	互助县	1774	4541	1361	16553	3585	600	644	29058
	民和县	1126	2809	792	6832	4735	286	268	16848
	小计	4749	12827	4462	39671	19530	1415	1523	84177
合计		18007	61642	25065	67732	27302	2881	9701	212330

表 5.28　方案三　2040 年河道外需水量（现状年至 2040 年总需水量年增速 3.3%）

单位：万 m³

分区		生活	工业	建筑三产	农田	林草	牲畜	生态	总计
西宁市	市区	8089	26281	18436	1929	2417	33	6872	64057
	湟源县	633	1056	284	3323	521	363	201	6381
	湟中县	2348	9751	996	12192	2907	658	650	29502
	大通县	2188	7257	886	10617	1927	412	455	23742
	小计	13258	44346	20603	28061	7772	1467	8178	123682
海东市	平安区	557	2318	1055	3054	2614	145	256	9999
	乐都区	1292	2864	1254	13232	8596	384	355	27977
	互助县	1774	4127	1361	16553	3585	600	644	28644
	民和县	1126	2581	792	6832	4735	286	268	16620
	小计	4749	11891	4462	39672	19530	1415	1523	83242
合计		18007	56235	25064	67732	27302	2881	9701	206922

表 5.29　方案四　2040 年河道外需水量（现状年至 2040 年总需水量年增速 3.0%）

单位：万 m³

分区		生活	工业	建筑三产	农田	林草	牲畜	生态	总计
西宁市	市区	8089	21683	15313	1929	2417	33	6872	56337
	湟源县	633	869	212	3323	521	363	201	6122
	湟中县	2348	7651	905	12192	2907	658	650	27311
	大通县	2188	6656	755	10617	1927	412	455	23010
	小计	13258	36859	17185	28061	7772	1467	8178	112780
海东市	平安区	557	1985	922	3054	2614	145	256	9534
	乐都区	1292	2144	1140	13232	8596	384	355	27143
	互助县	1774	3569	1144	16553	3585	600	644	27868
	民和县	1126	2093	667	6832	4735	286	268	16007
	小计	4749	9791	3873	39672	19530	1415	1523	80552
合计		18007	46650	21058	67732	27302	2881	9701	193331

第6章 生态优先下多水源可供水量评价技术

6.1 生态优先下引大济湟工程最大可调水量分析

6.1.1 基于相关批复文件引大济湟工程可调水量

1. 引大济湟批复可调水量 7.5 亿 m³ 分析

水利部 2003 年批复《青海省引大济湟工程规划报告》，同意多年平均调水量最终规模为 7.5 亿 m³，各分期引水量在国务院分配给青海省的水量中统筹考虑。根据《青海省引大济湟工程规划报告》，2030 年引大济湟总调水量 7.5 亿 m³，供水范围包括西宁市的市区、湟中、大通和海东市的互助、平安、乐都、民和等县（区）的城镇和农村生活、城镇生态、工业和农业灌溉。按分区划分，北岸供水量 1.42 亿 m³，西干渠（包括北川河、西纳川、云谷川）供水量 2.18 亿 m³，湟水干流供水量 3.90 亿 m³。当时供水范围不包括湟水南岸浅山区。

2. 引大济湟批复可调水量 6 亿 m³ 分析

根据水利水电规划设计总院审查通过的《湟水流域综合规划》（水总规〔2014〕1182 号），2030 年引大济湟调水工程的调水量为 6.0 亿 m³。《湟水流域综合规划》引大济湟调水 6.0 亿 m³ 水量配置：北干渠二期 0.84 亿 m³，西干渠 1.414 亿 m³，南干渠 1.4 亿 m³，城镇生活和工业 2.4 亿 m³。

3. 引大济湟批复可调水量 2.56 亿 m³ 分析

根据国家发改委《关于青海省引大济湟调水总干渠工程可行性研究报告的批复》（发改农经〔2010〕1964 号），2030 年引大济湟工程多年平均调水量为 2.56 亿 m³；根据《青海省引大济湟调水总干渠水资源论证报告的批复》（黄水调〔2009〕18 号），在南水北调西线工程生效前工程多年平均调水量控制在 2.56 亿 m³（含生态用水 0.31 亿 m³）。

根据黄河水利委员会《黄委关于青海省引大济湟西干渠工程水资源论证报告书的批复》（黄水调〔2015〕461 号），南水北调西线工程生效前西干渠工程多年平均取水量 1.414 亿 m³，其中灌溉取水量 0.807 亿 m³，工业取水量 0.607 亿 m³。考虑输水及水库蓄水损失后工程相应黑泉水库坝址处取水量为 1.37 亿 m³，其中灌溉取水量 0.78 亿 m³，工业取水量 0.59 亿 m³。西干渠工程取水量占用已批复的青海省引大济湟调水总干渠工程 2.56 亿 m³ 水量指标，不新增地表水取水量。2015 年 8 月青海省水利厅《关于青海省引大济湟调水总干渠水量指标分配说明的函》（青水资函〔2015〕135 号）中，同意湟水北干渠扶贫灌溉二期工程和引大济湟西干渠工程取水量占用已批复的青海省引大济湟调水总干渠工程水量指标，通过适当压缩甘河工业园区的工业用水量解决引大济湟西干渠工程供需缺口水量。

根据《黄委关于青海省湟水北干渠扶贫灌溉二期工程水资源论证报告书的批复》（黄水调〔2015〕462 号），青海省湟水北干渠扶贫灌溉二期工程位于湟水流域北岸的浅山地带，是引大济湟工程的重要组成部分。2030 年该工程多年平均取用大通河水量 0.84 亿 m³，考虑输水及水库蓄水损失后，相应黑泉水库坝址处取水量为 0.81 亿 m³，其取水量占用已批复的青海省引大济湟调水总干渠 2.56 亿 m³ 水量指标，不新增地表水取水量。工程建设任务是解决西宁市大通县、海东市互助县和乐都区 40 万亩农林灌溉用水问题。

根据相关资料中的水量分配内容，引大济湟工程的水量配置格局如表 6.1 所示。

表 6.1　批复的引大济湟调水 2.56 亿 m³ 水量配置情况　　　　单位：万 m³

供水对象	西干渠工程				北干渠二期工程		河道内生态补水（毛水量）	调水量合计
	工业净供水	农业净供水	净供水合计	毛供水合计	农业净供水	毛供水量		
湟中县	5900	2707	8607	8871				8871
大通县		5093	5093	5269	1328	1377		6646
互助县					4765	4942		4942
乐都区					2007	2081		2081
河道内生态							3100	3100
净供水合计	5900	7800	13700	—	8100	—		21800（不含河道内生态 3100）
毛供水合计	6070	8070	—	14140	8400	8400	3100	25640

6.1.2　生态优先下引大济湟工程可调水量分析

引大济湟工程论证时间长，相关生态环境保护政策要求发生了变化，现状生态文明与生态优先上升到较高高度。为了落实生态保护目标对大通河可调水量进行分析研究。

采用大通河 1956～2010 年系列平均天然径流量进行长系列调算，工程条件考虑规划的纳子峡、石头峡水库的联合调节以及黑泉水库调节，考虑流域内河道内外用水及引硫济金、引大济湟和引大入秦 3 项外流域调水工程用水要求。

根据有关规划，大通河流域外总调水需求为 10.83 亿 m³。其中引大入秦工程设计引水量 32m³/s，引水期为全年，年引水量 4.43 亿 m³；引大济湟工程设计引水流量 35m³/s、引水期为全年，年调水需求 6.0 亿 m³；引硫济金调水需求分别为 0.4 亿 m³，根据工程引水区气候条件，引水期拟定为 4～10 月。

经过调算，在保证适宜生态需水条件下，大通河可调水量为 8.71 亿 m³，其中引硫济金调水量 0.38 亿 m³，引大济湟调水量 4.52 亿 m³，引大入秦调水量 3.81 亿 m³。各工程适宜调水过程及调水量如表 6.2 所示。

表 6.2 大通河各工程适宜调水过程及调水量

| 调水工程 | 流量/（m³/s） | | | | | | | | | | | | 调水量/万 m³ |
	1 月	2 月	3 月	4 月	5 月	6 月	7 月	8 月	9 月	10 月	11 月	12 月	
引大济湟	5.09	4.09	4.56	7.91	16.60	24.51	27.03	26.83	24.10	10.29	14.79	6.03	45151.23
引大入秦	3.51	3.39	9.97	13.36	23.75	25.88	13.27	4.42	5.89	23.51	14.16	3.95	38121.97
引硫济金	0.00	0.00	0.00	0.00	0.48	0.79	7.37	5.97	0.00	0.00	0.00	0.00	3838.64
合计	8.60	7.48	14.53	21.27	40.83	51.18	47.67	37.21	29.99	33.80	28.95	9.97	87111.85

调水后孞大滩、天堂寺、享堂与多年平均流量过程能够满足适宜生态需水量要求，经分析在保证适宜生态需水条件下，引大济湟最大可调水量为 4.52 亿 m³（表 6.3）。

表 6.3 大通河调水 8.71 亿 m³ 各断面流量过程与天然来水及生态需水对比

| 断面 | 方案 | 流量/（m³/s） | | | | | | | | | | | | 全年调水量/亿 m³ |
		1 月	2 月	3 月	4 月	5 月	6 月	7 月	8 月	9 月	10 月	11 月	12 月	
孞大滩	天然来水	5.2	4.9	8.4	27.6	52.8	79.3	132.5	116.6	100.3	48.0	19.1	8.0	15.93
	调水后	5.05	5.05	6.51	30.01	34.11	34.61	75.39	68.27	65.67	78.22	11.03	5.08	11.09
	生态需水（适宜）	5.00	5.00	5.00	21.29	21.29	21.29	59.60	59.60	59.60	59.60	10.00	5.00	7.38
天堂寺	天然来水	17.3	17.2	21.4	46.2	80.0	107.6	173.7	165.7	144.0	79.7	38.3	21.9	24.12
	调水后	17.20	17.14	18.99	45.84	57.75	58.93	112.38	114.47	107.76	108.81	26.14	18.71	18.61
	生态需水（适宜）	9.29	9.29	9.29	31.17	31.17	31.17	84.46	84.46	84.46	84.46	9.29	9.29	10.08

续表

断面	方案	流量/（m³/s）												全年调水量/亿 m³
		1 月	2 月	3 月	4 月	5 月	6 月	7 月	8 月	9 月	10 月	11 月	12 月	
享堂	天然来水	20.0	20.2	28.1	59.0	96.9	125.8	203.7	195.6	171.6	98.6	48.9	28.6	28.93
	调水后	14.84	15.43	15.30	41.10	45.78	47.75	122.47	133.83	125.16	100.65	18.08	19.43	18.50
	生态需水（适宜）	11.67	11.67	11.67	37.56	37.56	37.56	100.43	100.43	100.43	100.43	11.67	11.67	11.40

6.2　生态优先下当地地表水可供水量分析

6.2.1　退还挤占支沟河道内生态水量分析

将现状工程供水量进行考虑退还挤占后的核减，根据湟水流域目前当地水资源开发利用情况，河流用水满足情况存在一些问题，当地部分支沟水资源被过度开发，根据建设生态文明和生态优先的要求，本次对研究区河道内适宜生态需水量进行了分析，对现状过度开发的水量考虑了退还，在此情况下计算生态优先下的地表水可供水量。

退还挤占河道内生态水量估算方法：

1）采用 Tennant 法计算结果作为湟水典型支沟河道内生态需水量结果。

2）根据生态优先原则，优先满足生态需水，其次满足工业、灌溉等生产用水。

3）根据支沟来水、河道内需水、现状用水、调节库容等，采用长系列径流资料进行逐月水量平衡计算，分析各典型支沟生态优先下河道外缺水量。

4）选择 P 为 75%～80%年份分析计算的支沟现状河道外生产（主要是灌溉）缺水量作为生态优先下支沟河道外需补水量。

根据上述计算方法，经长系列计算分析，P 为 75%～80%年份，退还挤占河道内生态水量为 6001 万 m³，湟水北岸为 2483 万 m³。考虑到湟水北岸引大济湟工程预留河道生态用水 3100 万 m³，该水量补充河道后，湟水北岸支沟河道外供水量可适当增加，基本满足河道外供水要求。因此，研究区需退还挤占湟水南岸典型支沟河道内生态水量为 6001 万 m³，占现状南岸典型支沟现状地表供水量的 35%，如表 6.4 与表 6.5 所示。

表 6.4　湟水南岸典型支沟水量分析结果　　　　　　　单位：万 m³

河沟名称	所属区县	天然径流量	需水量		供水量		缺水量		其中受挤占水量
			河道内	河道外	河道内	河道外	河道内	河道外	
大南川	湟中县	4881	1801	3577	1711	2472	90	1105	1105
小南川	湟中县	4385	1618	2758	1536	1969	82	789	789
祁家川	平安区	3070	1133	1689	1076	1165	57	524	524
白沈家沟	平安区	2875	1061	1129	1061	1129	0	0	0
马哈来沟	乐都区	926	338	472	338	208	0	264	264
岗子沟	乐都区	3256	1186	1442	1186	1010	0	432	432
虎狼沟	乐都区	1455	530	1366	530	618	0	748	748
松树沟	民和县	2456	886	566	886	477	0	89	89
米拉沟	民和县	2396	864	674	850	218	14	456	456
巴州沟	民和县	3140	1132	962	1132	554	0	408	408
隆治沟	民和县	2576	929	1913	929	727	0	1186	1186
合计		31416	11477	9433	11234	3432	243	6001	6001

表 6.5　湟水北岸典型支沟水量分析结果　　　　　　　单位：万 m³

河沟名称	所属区县	天然径流量	需水量		供水量		缺水量		其中河道受挤占水量
			河道内	河道外	河道内	河道外	河道内	河道外	
西纳川	湟中县	16323	5943	2110	5943	2110	0	0	0
云谷川	湟中县	3888	1415	1732	1370	873	45	858	858
沙塘川	互助县	15212	5299	9307	5016	8229	283	1078	1078
哈拉直沟	互助县	4539	1581	2558	1578	2395	3	162	162
红崖子沟	互助县	3799	1323	1641	1323	1622	0	20	20
上水磨沟	互助县/乐都区	3684	1351	824	1327	824	24	0	0
引胜沟	乐都区	8319	3356	836	3356	471	0	365	365
羊倌沟	乐都区	2263	830	198	830	198	0	0	0
下水磨沟	乐都区	2560	939	142	939	142	0	0	0
合计		60587	22036	19348	21680	16865	356	2483	2483

6.2.2　生态优先下当地地表水可供水量分析

当地中小型蓄引提工程可供水量主要考虑现状可供水能力和规划新增中小型工程可供水量。

1）现状中小型蓄引提工程可供水量。据统计，研究区现状当地地表中小型蓄引提工程供水量 63760 万 m³。根据调查，当地现状大部分中小型蓄引提工程建设年份久远，普遍存在缺乏考虑生态流量或泄放不足等问题。根据"生态优先、挤占退还"原则，本次按优先满足生态用水考虑，对现状中小型蓄引提工程可供水量进行复核；对逐条支沟、主要蓄引提工程进行了长系列调节计算。根据计算结果，需退还挤占生态水量 6001 万 m³，扣除生态被挤占水量，同时考虑基准年各县（区）需水，基准年当地中小型蓄引提工程可供水量 55586 万 m³。

2）新增中小型蓄引提工程可供水量。依据《湟水流域综合规划》《青海省东部城市群水利保障规划》等规划成果，同时按新时期生态流量泄放要求，对研究区各县（区）新增蓄引提水工程进行可供水量复核分析。

现状黑泉水库通过西宁市第七水厂向西宁市区供水，第七水厂位于大通县塔尔镇，于 2007 年投入使用，目前设计供水能力 30 万 t/d，现状供水量 1368 万 m³。规划水平年，考虑遵循高水高用、优水优用、高效利用的配置原则，黑泉水库水量可优先解决北岸位置较高的城镇生活和工业发展用水，剩余水量解决西宁市区生活和工业用水，不足水量由引黄济宁、引大济湟等调水工程解决。即进行黑泉水库水量配置时，城镇生活和工业用水优先满足湟水北岸位置较高的大通和互助县的生活和工业用水需求，其次供给西宁市区的城镇生活和工业。按以上原则，2030 年和 2040 年配置净水量 2.18 亿 m³。

6.3　生态优先下地下水和中水利用分析

6.3.1　生态优先下地下水可利用量分析

2004 年，青海省人民政府办公厅发布了《关于西宁地区限采地下水和关闭自备水源的意见》《西宁市饮用水源及地下水环境保护及供水保障工作专题会议》和西宁市人民政府办公厅《关于限期完成环保督察整改任务的督办通知》等文件，关闭地下水水源工作逐步启动。

根据《西宁市人民政府印发关于关闭第一水厂禁止第三水厂开采地下水的批复》，计划关停南川新安庄（备用）水源地（第一水源地）和南川杜家庄水源地（第三水源地）。

根据《西宁市地下水关停及城市水源规划报告》，西宁市现状集中式地下水供水水源地共 15 处，规划期共关停 4 处，分别为湟源县大华水厂、南川杜家庄水源地、南川徐家寨水源地和西川多巴水源地。其中近期关停方案为到 2020 年关停规模以上单位自备水源（井）13 处，共关闭 17 眼自备井，分别为青海第一机床厂自备水源、原青海工具厂自备水源、原青海油泵油嘴厂自备水源、西宁奉青房地产开发有限公司自备水源等，西宁市区规模以下企业自备井打捆考虑关停 20%；大通县 2025 年关停规模以上单位自备水源（井）3 处，规模以下单位自备水源（井）打捆考虑关停 30%；远期关停方案 2030 年西宁市区关停规模以上单位自备水源（井）1 处，规模以下单位自备水源（井）打捆关停 40%；大通县关停规模以上单位自备水源（井）24 处，规模以下单位自备水源（井）打捆考虑关停 70%；湟中县关停集中式供水水源 1 处（西川多巴水源地）。根据该规划报告，本次考虑从现状到 2040 年逐渐完成压采目标，以对 2030 年研究区的用水需求进行较好的保障，本次规划西宁市区地下水可供水量 2030 年压减到 8522 万 m³、2040 年压减到 7022 万 m³，大通县地下水可供水量 2030 年压减到 2500 万 m³、2040 年压减到 2000 万 m³，根据《青海省湟水干流（东部城市群）应急备用供水工程可行性研究报告》，乐都区规划年将关闭引胜沟地下水源，结合《湟水流域综合规划》、乐都区地下水取水许可台账与现状年各县（区）地下水实际供水量，乐都区地下水规划年可供水量压减至 1000 万 m³ 以下。

规划水平年结合研究区地下水压采保护要求，考虑压减现状以自备井为水源的工业企业和部分城市供水量，经分析 2030 年地下水供水量 1.58 亿 m³，2040 年地下水供水量 1.33 亿 m³。

6.3.2 再生水可利用量分析

现状受水区再生水回用量为 714 万 m³，其中西宁市利用 301 万 m³、海东市利用 413 万 m³，西宁市只有西宁市区利用再生水，海东市只有平安区利用再生水。现状受水区再生水利用量占受水区总用水量的 0.8%，再生水回用程度很低。结合相关规划对受水区规划年再生水可利用量进行分析。

根据《西宁市城市总体规划（2001—2020 年）（2015 年修订）》，西宁市 2020 年污水处理能力达到 45.5m³/d，城市污水处理率达到 95%以上，城市污水再生利用率达到 30%。规划期建成 6 座污水处理厂。保留第一污水处理厂、湟中污水处理厂，扩建第三污水处理厂、城南污水处理厂、甘河东污水处理厂、湟源污水处理厂、大通污水处理厂，新建第四污水处理厂、第五污水处理厂、第六污水处理厂、甘河西污水处理厂。同时提高污水处理设施设置标准，扩建、新建污水处理厂的尾水排放标准达到《城镇污水处理厂污染物排放标准》（GB 18918—2002）一级标准的 A 标准。

根据《东部城市群西宁都市区战略规划》，2030 年西宁市污水处理与资源化相结合，建立污水收集—处理—再生利用系统，污水实现全面收集与妥当处理，区域水环境得到切实保护，污水管道全覆盖，污水处理率达到 100%，再生水回用率达到40%；该规划提出再生水首先面向工业区等需求稳定和需水量大的地区，以及绿化、道路清扫、车辆冲洗、建筑施工等城市杂用和环境用水，条件成熟时逐步向消防、居民生活杂用水等方面延伸。

根据《青海省海东市城市总体规划（2016—2030年）》，海东市平安、乐都、民和、互助中心城区均建有污水处理厂，2030年海东市城镇污水处理率达到98%以上，海东市城市污水处理设施均采用二级污水处理工艺，城市污水处理厂出水排放标准执行《城镇污水处理厂污染物排放标准》（GB 18918—2002）一级A标准，并开展污泥无害化处理。

按照规划西宁市与海东市研究区污水处理设施规划，西宁市规划年有14座污水处理厂，并规划6座再生水厂；海东市规划9座污水处理厂，并规划9座再生水厂与污水处理厂合建，同时配套建设再生水管网系统。

根据《湟水流域综合规划》，将加大西宁市、海东市及海北州等污水处理设施及配套管网建设，因地制宜推进雨污分流制管网建设。通过分期建设西宁市中水回用工程，提高污水收集、处理以及中水回用的效率，2020年、2030年湟水流域污水收集率达到80%、90%以上，2020年、2030年中水回用率达到30%、40%以上。

再生水可利用量从污水排放与收集、污水处理、中水回用三个环节分析。

（1）污水排放与收集

根据《城市排水工程规划规范》（GB 50318—2017），考虑规划年企业污水自行处理能力的加大、与耗水比例增加所影响行业污水排放系数的降低，本报告城镇生活污水排放系数采用0.5～0.6，三产行业污水排放系数取0.45～0.5，建筑业污水排放系数取0.4，一般工业污水排放系数取0.1～0.15（考虑重复水利用率的提高，2040年一般工业污水排放系数较2030年有所减小），火电行业污水零排放。根据《湟水流域综合规划》，本次分析2030年与2040年污水收集率为100%，并考虑8%～10%的收集损失。

（2）污水处理

根据《西宁市城市总体规划（2001—2020年）（2015年修订）》与《青海省海东市城市总体规划（2016—2030年）》，西宁市与海东市研究区污水处理厂的处理能力大于所收集的污水量，可将收集的污水全部处理，处理率为100%，研究区污水处理厂处理损失率2030与2040年均按20%考虑。

（3）中水回用

结合相关国家与流域规划对研究区中水回用率进行分析。《水污染防治行动计划》（国发〔2015〕17号）要求2020年缺水城市再生水利用率达到20%以上；根据《湟水流域综合规划》，本报告研究区中水回用率2030与2040年按40%～50%

考虑，其中西宁市区中水回用率取 50%，其余县（区）中水回用率取 40%。

按照《东部城市群西宁都市区战略规划》与《青海省海东市城市总体规划（2016—2030 年）》，西宁市与海东市再生水主要用于对水质要求较低的工业以及城市绿化、道路喷洒、景观水体补水等方面，此处将中水首先用于河道外生态的供水，其次用于工业。

根据需水方案二（基本方案 2040 年需水 21.23 亿 m³）下 2030 年与 2040 年各行业需水预测结果，按污水排放系数、污水收集系数、污水处理损失率、污水回用率等计算研究区 2030 年中水可利用量 0.68 亿 m³，2040 年中水可利用量 0.97 亿 m³。

对需水方案一、方案二、方案四研究区污水处理与再生水可利用量进行分析，2030 年各需水方案中水回用量均为 0.68 亿 m³，2040 年需水方案一（总需水 22.9 亿 m³）中水回用量 1.12 亿 m³，2040 年需水方案二（总需水量 21.23 亿 m³）中水回用量 1.01 亿 m³，2040 年需水方案四（总需水量 19.33 亿 m³）中水回用量 0.87 亿 m³。

第7章　湟水河谷多水源空间均衡配置研究

7.1　多水源空间均衡配置模型构建

7.1.1　多水源空间均衡配置思路

新时期治水方针"节水优先、空间均衡、系统治理、两手发力"强调治水必须坚持"空间均衡"的重大原则。此处针对空间均衡的概念解析、量化表达以及模型构建对受水区水资源空间均衡配置进行研究，构建面向空间均衡的水资源优化配置模型，并将模型应用在湟水河谷水资源配置中，得到合理的配置结果。

"均衡"的思想最先被应用于博弈论、经济学、美学等领域，并被赋予不同的含义，虽然不同领域"均衡"的含义各有差异，但都存在着一个共同之处：均衡是系统或整体内部的一种稳定状态，实现均衡即要实现系统或整体的协调稳定发展。"空间均衡"可以理解为：组成大空间整体的子空间之间相互协调，从而实现整个大空间的协调稳定发展。

湟水河谷属于缺水地区，经济、社会、生态和环境等多类用水协调十分困难。流域水资源配置时空跨度大，涉及地表水、地下水、非常规水源和跨区域调水等多种水源，包括湟水河谷、大通河流域、黄河干流3个水资源复杂系统；生活、工业、农业与生态等多类用户，众多水利水电工程，涉及不同地区和不同部门等利益相关的多决策群，涉及不同的利用方案和管理方式对区域经济、社会、生态环境等方面影响，并且涉及黄河干流、大通河的供水与生态保护等内容，是复杂的多目标问题。湟水河谷（包括大通河、黄河干流）多水源空间均衡范围示意图如图7.1所示。

空间均衡是根据流域或区域经济社会和生态环境用水需求的时空特征与水源条件的时空特征，考虑河湖连通等工程措施，综合分析技术、经济、环境、生态等方面因素，进行多水源空间优化配置，实现对流域或区域经济社会和生态环境在空间上的均衡供水保障。对于严重缺水的湟水河谷来说，首先在强化节水的前提下，研究可能的外流域调水方案（引大济湟和引黄济宁）以实现水系河网连通，

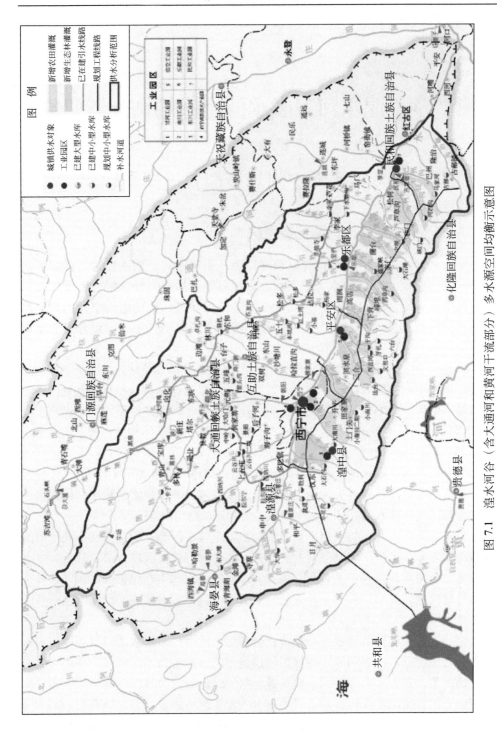

图7.1 湟水河谷（含大通河和黄河干流部分）多水源空间均衡示意图

合理确定调入水量；在确定调水总量后，需要根据各调水方案（引大济湟和引黄济宁）时空特征，研究各调水方案对需水的满足程度以及调水影响，优化确定各调水方案的调水量；综合考虑引大济湟和引黄济宁的调入水量和湟水流域本地水，进行湟水河谷多源优化配置。由此，湟水河谷多水源空间均衡的总体思路：优化分析需外调水总量—优化确定调水工程调水规模—优化配置流域多水源，即将多水源-多流域-多需水的水资源配置问题分解为3个层次的优化问题。

第一层次：以流域（区域）经济社会缺水量最小为目标，挖掘水资源节约集约利用潜力，以当地地表水、地下水、中水等水源可利用量为约束控制，优化确定流域（区域）需外调水量。

第二层次：以调出区影响最小为目标，包括调水工程生态效益影响最小与调水工程影响发电减少最小，提出各调水工程的可调水量，优化确定各调水工程的调水规模。

第三层次：以水资源配置的经济性和节水性最大为目标，考虑从当地水与调入水量，优化提出各空间分区和部门的水资源配置方案。

7.1.2 多水源空间均衡配置网络概化

水资源配置系统由节点和连线组成。节点代表一个地理位置或一个特殊的地点，并根据实际情况设置几种要素：区间入流，回归水，城市与农村生活、生产、生态需水，地下水水源、水库蓄水等。节点是模型中的基本计算单元，各节点的水量平衡保证了流域内各分区、各河段、各行政区内的水量平衡。连线是连接节点的有向线段，通常代表河流的一个河段或人工渠道等，反映流域内实际的水力联系。用矩阵对节点之间的水力联系与水量传输关系进行描述。

通过对湟水河谷水资源配置系统各要素分析，湟水河谷多水源空间均衡配置系统概化图如图7.2所示。

7.1.3 湟水河谷跨流域调水总量优选模型

第一层次优化模型选择湟水河谷经济社会缺水率最小作为湟水河谷跨流域调水总量优选模型目标函数：

$$\min \sum_{j=1}^{HS\_J} \sum_{k=1}^{HS\_K} \sum_{t=1}^{T} \alpha_{jk} \left(\frac{W\_Need_{jkt} - \sum_{i=1}^{HS\_I} Res\_Sup_{ijkt}}{W\_Need_{jkt}} \right) \tag{7.1}$$

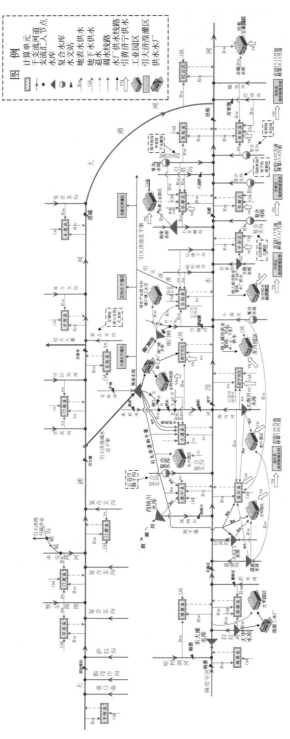

图 7.2　湟水河谷多水源空间均衡配置系统概化图

式中，W_Need_{jkt} 为湟水河谷 j 分区 k 部门 t 时段的需水量；Res_Sup_{ijkt} 为 i 水源对湟水河谷 j 分区 k 部门 t 时段的供水量；α_{jk} 为湟水河谷 j 分区 k 部门相对于其他用水部门优先满足用水的重要程度系数。

该层优化模型约束条件包含：取退水与汇水节点的水量平衡约束、工程对某用水户可供水量小于等于该用水户需水量约束、工程供水量不大于工程供水能力约束、河道节点取水量不超过节点来水量约束、水源供水量不超过取水许可指标的约束、水库调度过程中各时段库容在库容限制内的约束、水库泄流能力约束、河道生态基流满足约束、可供水量非负约束。

第一层次优化模型采用协同遗传算法对本层模型进行求解计算，得到当地水源与外调水供水量。

7.1.4　湟水河谷多调水工程调水量优选模型

基于湟水河谷跨流域调水总量优化结果，以调水对调出区生态（大通河流域）与发电（黄河干流梯级电站）影响效益最小为目标，优化确定引黄济宁工程与引大济湟工程的调水规模。采用为维持河道生态流量用水而放弃的工农业生产生活所损失的机会成本来量化调水引起的生态效益损失。需要注意的是，湟水河谷多调水工程调水量优选模型计算结果应不大于湟水河谷跨流域调水总量优选模型计算结果。

选择调水对调出区影响最小作为湟水河谷多调水工程调水量优选模型目标函数：

$$\min(Loss1 + Loss2) \tag{7.2}$$

其中，Loss1 表示调水对大通河流域生态影响效益最小，即

$$Loss1 = \min \sum_{j=1}^{DOut\_J} \sum_{k=1}^{DOut\_K} (EcoRes\_Coe_{jk} \cdot DSup\_BE_{jk} \cdot Dout\_Vol_{jk} \cdot Curren_{jk})$$

$$\tag{7.3}$$

式中，$EcoRes\_Coe_{jk}$ 为大通河流域生态用水效益相对于大通河流域 j 分区 k 用水部门用水效益的相对重要系数；$DSup\_BE_{jk}$ 为大通河流域 j 分区 k 用水部门用水经济效益；$Dout\_Vol_{jk}$ 为引大济湟调水相对于大通河流域第 j 分区第 k 用水部门的供水损失量；$DOut\_J$ 为引大济湟调水影响大通河用水的分区总数；$DOut\_K$ 为引大济湟调水影响大通河用水各分区用水部门总数；$Curren_{jk}$ 为 j 分区 k 部门用水效益的货币转换系数。

Loss2 表示调水对黄河干流梯级电站发电效益影响最小，即

$$\text{Loss2} = \min \sum_{t=1}^{YE\_T} \sum_{m=1}^{YE\_M} (\Delta(N_{m,t} \cdot \Delta t) \cdot \text{Curren}_n) \tag{7.4}$$

式中，$N_{m,t}$ 为黄河干流梯级电站发电平均出力；Δt 为计算时段长度；YE_T 为黄河干流长系列调度时段总长；YE_M 为黄河干流梯级水库电站总个数；Curren_n 为发电量的货币转换系数。

该层优化模型约束条件包含：模型计算调水工程调水量小于等于跨流域调水优化总量值、大通河可调水量约束、取退水与汇水节点的水量平衡约束、工程对某用水户可供水量小于等于该用水户需水量约束、工程供水量不大于工程供水能力约束、河道节点取水量不超过节点来水量约束、水源供水量不超过取水许可指标的约束、水库调度过程中各时段库容在库容限制内的约束、水库泄流能力约束、河道生态基流满足约束、可供水量非负约束。

对第一层模型求解得到的外调水总量采用枚举法得到多个引大济湟和引黄济宁调水量的组合方案，将各方案代入本层次模型中，采用协同遗传算法分别对两目标函数进行优化求解，通过式（7.3）、式（7.4）得到各方案（Loss1+Loss2）值；找到该最小（Loss1+Loss2）值的调水量组合方案，作为该层次最优方案的引大济湟与引黄济宁调水量。

7.1.5 湟水河谷多水源优化配置模型

在获得调水工程的优化调水规模后，以引黄济宁、引大济湟工程调水在受水区水量分配效益的经济值最大为目标，采用当地水资源→引大济湟调水→引黄济宁工程调水水资源利用优先序，优化提出受水区各空间分区和部门的水资源均衡配置方案。

选择各工程调水量在受水区取得的净效益最大作为湟水河谷水资源优化配置模型目标函数：

$$\max(\text{Ben}) \tag{7.5}$$

其中，

$$\text{Ben} = \max \sum_{j=1}^{HS\_J} \sum_{k=1}^{HS\_K} \sum_{i=1}^{HS\_I} [(\text{Sup\_BE}_{ijk} - \text{Sup\_Cost}_{ijk}) \cdot \text{Res\_Sup}_{ijkt} \cdot \text{Curren}_{jk}] \tag{7.6}$$

式中，HS_J 为湟水河谷计算分区总数；HS_K 为湟水河谷用水部门总数；HS_I 为湟水河谷供水水源总数；Sup_BE_{ijk} 为 i 水源向湟水河谷 j 分区 k 用水部门供水的效益；Sup_Cost_{ijk} 为 i 水源向湟水河谷 j 分区 k 用水部门供水的费用；Res_Sup_{ijkt} 为 i 水源对湟水河谷 j 分区 k 部门 t 时段的供水量；Curren_{jk} 为 j 分区 k 部门用水效益的货币转换系数。

该层优化模型约束条件包含：取退水与汇水节点的水量平衡约束、工程对某用水户可供水量小于等于该用水户需水量约束、工程供水量不大于工程供水能力约束、河道节点取水量不超过节点来水量约束、水源供水量不超过取水许可指标的约束、水库调度过程中各时段库容在库容限制内的约束、水库泄流能力约束、河道生态基流满足约束、可供水量非负约束。

本层模型采用协同遗传算法计算引黄济宁工程不同优化调水规模，采用加权和模糊综合评价耦合法，从经济性与节水性两方面得到引黄济宁工程最优水量分配模式的经济性与节水性总评评估得分，通过得分优劣获得引黄济宁工程最优调水规模。其中，模型涉及水库调度问题依据水库供水过程均匀原则，基于大系统聚合分解理论，采用两时段滑动寻优算法求解水库调度模型。

7.2　多水源空间均衡配置模型求解方法

7.2.1　模型求解思路

采用分层优化求解方法对所构建的配置模型求解，按照"分析湟水河谷规划水平年所需外调水总量→分析引大济湟与引黄济宁工程合理调水规模→分析引大济湟与引黄济宁工程调水量优化分配"的求解思路，将各目标按优先满足次序进行分层，如图 7.3 所示分层的思路如下文所述。

第一层考虑目标函数一（湟水河谷经济社会缺水量最小目标函数）求解，考虑水资源集约利用，当地水水源可利用量分析原则为：地表水利用考虑退还挤占湟水支沟的河道内生态用水、根据当地地下水关停规划考虑地下水的压采、合理充分利用非常规水。以当地地表水、地下水、中水等水源可利用量为本层模型求解的约束条件，优化确定湟水河谷需要引黄济宁和引大济湟工程的总调水量。

第二层考虑目标函数二（引大济湟调水对大通河生态效益影响最小）与目标函数三（黄河干流梯级电站发电量减少值最小），在满足大通河适宜生态用水需求约束下对目标函数二分析，在满足水量调度要求约束下对黄河干流长系列调节优化求解目标函数三。本层为多目标优化求解，是在第一层优化求解得到总外调水量的基础上，通过优化求解得到不同需水方案下引大济湟与引黄济宁工程最优可调水量。通过分析得到各需水方案下引黄济宁工程最优调水规模分别为 9.7 亿 m^3、8.35 亿 m^3、7.9 亿 m^3、6.73 亿 m^3。

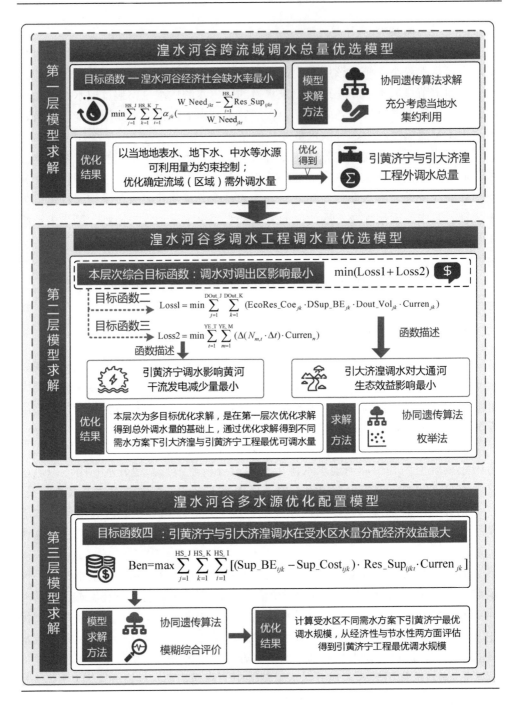

图 7.3　模型求解思路示意图

第三层考虑目标函数四（水资源配置的经济性和节水性最大），对当地水与外调水在考虑集约利用约束下按经济效益最大目标优化分配到各计算单元。针对引黄济宁 4 种调水规模：9.7 亿 m³、8.35 亿 m³、7.9 亿 m³、6.73 亿 m³，结合经济性评价、节水型社会评价指标体系的构建，采用模糊综合评价方法得到引黄济宁工程 4 种调水规模最优水量分配模式的经济性与节水性评估结果，按评估结果的优劣分析本层引黄济宁工程最优的调水规模。

7.2.2　模型求解原则

1. 多水源供水原则

各水源的供水顺序基本根据各水源的分类来确定，各类水源的供水次序大致为：向单分区单用户供水水源、向单分区多用户供水水源、向多分区单用户供水水源、向多分区多用户供水水源，其中单分区多用户水源分类中的各分区当地地下水排在最后进行供水。在进行水资源优化配置过程中，不同水源采用不同的分配方法，对于单分区单用户类别的水源，如塘坝、小型水库、中水回用采取优先供水，在水质符合、水量允许（这里的水量允许包括两层含义，一是用水部门有足够的用水需求允许水源供水，二是水源有足够的水量对用水部门供水）的范围内优先供水，多余的水量在水质达到排放要求的情况下排入河道；对于各类中型水库，不管是属于何种水源分类，采用两阶段滑动寻优算法进行供水，并加入缩减系数来保证水库的生态供水与取水指标满足要求；对于向多分区供水的水源，河流取水采用兼顾上下游与左右岸的原则从上游到下游逐个计算单元供水。

此处对每个分区各部门对各水源的需水分摊系数进行设定，如生活与三产需水可根据水源供水范围所覆盖的城镇、农村区域所占分区面积比例或者根据覆盖范围人口数量占分区总人口数量的比例来设定；由于同一工程灌溉农田的种植结构相似，此处农业需水根据各水源的灌溉面积占分区的总灌溉面积比例进行设定；工业用水根据相关取水许可批复或者按照水源供水范围的工业企业需水量占总需水量的比例进行设定。由此可以给出每个水源的供水矩阵，第 i 个水源的供水矩阵如下所示，其中共有 J 个计算单元，每个计算单元有 K 个用水部门：

$$Re\,sDiv\_Coe_i = \begin{bmatrix} Re\,sDiv\_Coe_{i11} & Re\,sDiv\_Coe_{i12} & \cdots & Re\,sDiv\_Coe_{i17} \\ Re\,sDiv\_Coe_{i21} & Re\,sDiv\_Coe_{i22} & \cdots & Re\,sDiv\_Coe_{i27} \\ \vdots & \vdots & \vdots & \vdots \\ Re\,sDiv\_Coe_{iJ1} & Re\,sDiv\_Coe_{iJ2} & \cdots & Re\,sDiv\_Coe_{iJ7} \end{bmatrix}$$

$$(7.7)$$

当 $Re\,\mathrm{sDiv\_Coe}_{ijk} \geqslant 0$ 时，$Re\,\mathrm{sDiv\_Coe}_{ijk}$ 为第 i 水源相对于第 j 个计算单元第 k 个部门的需水分摊系数，第 j 计算单元 k 用户 t 时段的需水量为 $\mathrm{W\_Need}_{jkt}$，由前 i-1 个水源给该部门供水后该部门剩余的需水为 $\mathrm{WLeft\_Need}_{jkt}$，当该部门由第 i 个水源进行供水时，那么 t 时段该部门对第 i 个水源的需水上限为

$$\overline{W}_{knjt} = \begin{cases} \mathrm{WLeft\_Need}_{jkt} & \mathrm{W\_Need}_{jkt}\,g\,Re\,\mathrm{sDiv\_Coe}_{ijk} > \mathrm{WLeft\_Need}_{jkt} \\ \mathrm{W\_Need}_{jkt}\,g\,Re\,\mathrm{sDiv\_Coe}_{ijk} & \mathrm{W\_Need}_{jkt}\,g\,Re\,\mathrm{sDiv\_Coe}_{ijk} \leqslant \mathrm{WLeft\_Need}_{jkt} \end{cases}$$

（7.8）

当 $Re\,\mathrm{sDiv\_Coe}_{ijk} < 0$ 时，$Re\,\mathrm{sDiv\_Coe}_{ijk}$ 为根据取水许可等分水指标第 i 水源需要向第 j 计算单元第 k 部门的固定分水指标，当该部门由 i 水源供水时，t 时段部门相对于该水源需水为：

$$\overline{W}_{knjt} = \begin{cases} \dfrac{\mathrm{WLeft\_Need}_{jkt}}{\displaystyle\sum_{t=1}^{12}\mathrm{WLeft\_Need}_{jkt}} \cdot \left| Re\,\mathrm{sDiv\_Coe}_{ijk} \right| & \left| Re\,\mathrm{sDiv\_Coe}_{ijk} \right| \leqslant \displaystyle\sum_{t=1}^{12}\mathrm{WLeft\_Need}_{jkt} \\[4mm] \mathrm{WLeft\_Need}_{jkt} & \left| Re\,\mathrm{sDiv\_Coe}_{ijk} \right| > \displaystyle\sum_{t=1}^{12}\mathrm{WLeft\_Need}_{jkt} \end{cases}$$

（7.9）

式中，$\overline{W}_{knjt}$ 为 j 计算单元 k 用水部门 t 时段相对于 i 水源的需水。

各水源均有相应的供水能力矩阵，$Re\,\mathrm{s\_Abi}_{ijkt}$ 为第 i 个水源对第 j 计算单元第 k 部门 t 时段的供水能力，对于不易分到各部门的水源的供水能力，则赋予一个 t 时段该水源对所有部门总的供水能力，以负值表示以便区分，在负值情况下该计算单元所供部门的各个供水能力值先赋值为总供水能力的负值。

各计算单元的回归系数矩阵：

$$\mathrm{BMHG\_Coe}_{jkh} = \begin{bmatrix} \mathrm{BMHG\_Coe}_{j11} & \mathrm{BMHG\_Coe}_{j12} & \cdots & \mathrm{BMHG\_Coe}_{j1H} \\ \mathrm{BMHG\_Coe}_{j21} & \mathrm{BMHG\_Coe}_{j22} & \cdots & \mathrm{BMHG\_Coe}_{j2H} \\ \vdots & \vdots & \vdots & \vdots \\ \mathrm{BMHG\_Coe}_{JK1} & \mathrm{BMHG\_Coe}_{JK2} & \cdots & \mathrm{BMHG\_Coe}_{JKH} \end{bmatrix}$$

（7.10）

式中，$\mathrm{BMHG\_Coe}_{jkh}$ 为 j 分区 k 用水部门对汇水节点 h 的回归系数，此处结合相关文献及相关调查，对生活、三产、工业用水采取当月回归，农业用水与河道外生态用水采取隔月回归。

各水源的退水、各计算单元的回归水都按照回归到河道中来处理，此处对城

镇生活、三产、工业的回归水按污水经过污水处理厂处理后未利用的中水退还河道的方式计算，农林灌溉按扣除农林灌溉耗水后的部分回归到河道考虑。

水力联系矩阵所反映的是各水源的退水、河道入流、境外水、未利用的中水等汇入到哪个汇水点，汇水点包括各计算单元在河道取水口、水库节点、河流汇水节点、外调水的调出与调入点等。

$$Re\,sHS\_Coe_{ih} = \begin{bmatrix} Re\,sHS\_Coe_{11} & Re\,sHS\_Coe_{12} & \cdots & Re\,sHS\_Coe_{1H} \\ Re\,sHS\_Coe_{21} & Re\,sHS\_Coe_{22} & \cdots & Re\,sHS\_Coe_{2H} \\ \vdots & \vdots & \vdots & \vdots \\ Re\,sHS\_Coe_{I1} & Re\,sHS\_Coe_{I2} & \cdots & Re\,sHS\_Coe_{IH} \end{bmatrix}$$

（7.11）

式中，$Re\,sHS\_Coe_{ih} \geqslant 0$ 为水源 i 向第 h 汇水节点的退水系数，且各汇水节点的退水系数累加值为 1；H 为汇水节点数。$Re\,sHS\_Coe_{ih} < 0$ 时，$|Re\,sHS\_Coe_{ih}|$ 表示水源 i 向汇水节点 h 的保证退水量，在水量有保证情况下优先满足。

水源间的水力关系矩阵，表示水源剩余水量对其余水源的补充系数：

$$Re\,sR\_Coe_{i1,i2} = \begin{bmatrix} Re\,sR\_Coe_{1,1} & Re\,sR\_Coe_{1,2} & \cdots & Re\,sR\_Coe_{1,I} \\ Re\,sR\_Coe_{2,1} & Re\,sR\_Coe_{2,2} & \cdots & Re\,sR\_Coe_{2,I} \\ \vdots & \vdots & \vdots & \vdots \\ Re\,sR\_Coe_{I,1} & Re\,sR\_Coe_{I,2} & \cdots & Re\,sR\_Coe_{I,I} \end{bmatrix} \quad （7.12）$$

式中，$Re\,sR\_Coe_{i1,i2}$ 为水源间的补给系数，当 $0 \leqslant Re\,sR\_Coe_{i1,i2} \leqslant 1$ 表示水源 i_1 供水后的剩余水量对水源 i_2 的补给比例，当 $Re\,sR\_Coe_{i1,i2} < 0$，$|Re\,sR\_Coe_{i1,i2}|$ 表示水源 i_1 剩余水量对水源 i_2 的补给量，在此情况下若某水源 i_1 的剩余水量达不到分配补给值，则将水源 i_1 的水量全部汇入 i_2 水源，如果水源 i_1 有多个汇流系数为负值，则在水量不足的情况下按比例分配给各水源或者按照当地的相关措施进行分配。

2. 水库调度原则

结合配置模型的构建，本次考虑依据水库供水过程均匀原则，基于大系统聚合分解理论，采用两时段滑动寻优算法求解水库调度模型。两时段滑动寻优算法主要是用来解决多阶段决策问题的。但该法不是对常规动态规划算法的一种改进，因为它不存在面临时段效益与余留期效益的问题，也即不存在常规动态规划算法中的递推方程。据其原理，可以利用目标函数的解析性质来进行两个时段求解，这就避免了常规动态规划算法所必须进行的网格化分，因此不存在维数灾问题，加快了计算速度。另外，已经证明了在各时段的目标函数具备凸性的条件下，该算法可以求出系统的最优解。

为了降低水库调度计算的复杂程度，此处在考虑水库蒸发渗漏损失的过程中，先按不计蒸发渗漏损失进行滑动寻优迭代计算求出水库的最优调度轨迹，然后按照该最优轨迹下的各月平均蓄水量，并按此平均蓄水量来计算水库的水量损失。水库的渗漏损失根据库区地质情况，计算取月平均水库蓄水量的1%。蒸发量为各月蒸发损失强度乘以该月平均蓄水量所对应的平均水面面积。

考虑已有分水指标的水库，在考虑了河道生态基流的基础上，对各月的需水设定缩减系数，通过对缩减系数的优化达到在水库来水有保证的情况下的固定需水需求。关于缩减系数的设置及优化，初始对每个时段的需水缩减系数设置为1，然后在每次滑动寻优迭代完成后，检查各时段的供水量是否大于或等于该时段的固定供水量，如果是，那么该时段的缩减系数不变，如果小于固定供水量，那么考虑该时段的需水量乘以当前缩减系数与供水量和需水量之比例是否大于该时段的固定需水量，如果该结果大于该时段的固定需水量，那么该时段的缩减系数为当前缩减系数乘以该时段的供水满足比例,如果该结果小于该时段的固定需水量，那么该时段缩减系数取为固定供水量相对于该时段最初需水的比值。当上下两次滑动寻优迭代各时段缩减系数之差的绝对值的和小于设定精度时（此处设定为0.0001），得到水库的优化调度过程（图7.4）。

（1）水库调度的具体步骤

1）把两时段内的所有约束转化为中间时刻水库库容的约束。

2）设定初始的水库各时段的水量损失为0。

3）设定初始水库每个时段的需水缩减系数为1，水库 r 在 t 时段的需水缩减系数为 $SKSJ\_Coe_{rt}=1$。

4）计算水库各时段的需水量 SK_WD_{rt}。

当 $SKAll\_Need_{rt} \cdot SKSJ\_Coe_{rt} - SKY\_Sup_{rt} < 0$ 时，

$$SK\_WD_{rt} = 0 \tag{7.13}$$

$$SKSJ\_Coe_{rt} = \frac{SKY\_Sup_{rt}}{SKAll\_Need_{rt}} \tag{7.14}$$

当 $SKAll\_Need_{rt} \cdot SKSJ\_Coe_{rt} - SKY\_Sup_{rt} \geqslant 0$ 时，$SKSJ\_Coe_{rt}$ 不变，该时段的需水量为

$$SK\_WD_{rt} = SKAll\_Need_{rt} \times SKSJ\_Coe_{rt} - SKY\_Sup_{rt} \tag{7.15}$$

式中，$SKAll\_Need_{rt}$ 为 t 时段 r 水库所供部门初始需水总和；SK_WD_{rt} 为 t 时段 r 水库缩减后需水量；SKY_Sup_{rt} 为 t 时段 r 水库所供部门的已供水量总和。

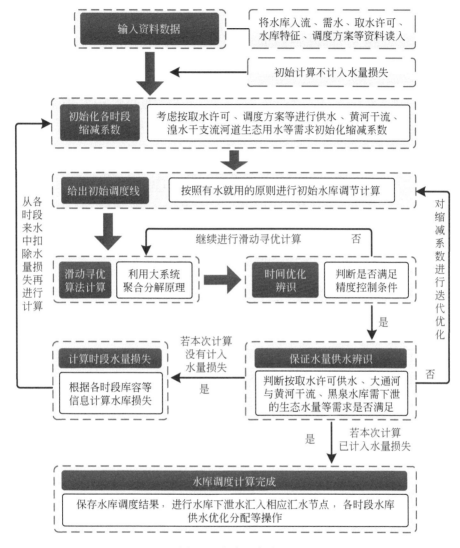

图 7.4　水库调度流程

5）将各时段的水量损失在水库入流中扣除。

6）任选一条初始的调度线，此处选为有多少水就供多少水的初始调度线，记为 SKLast_V_{rt}，$t=0,1,\cdots,T$，其中 SKLast_V_{rt} 为 t 时段 r 水库的末库容，T 为时段数。

7）判断 SKLast_V_{rt} 是否等于 r 水库的末库容设定值，若不等于则从末时段开始依次减少前面各时段的供水量以满足末时段的库容要求，在此过程中逐时段减少供水时要注意库容的限制，若该过程末库容低于设定值，那么重新调整末库容设定值。

8）固定 t 时段的初始库容 $\mathrm{SKIni\_}V_{rt}$ 与 $t+1$ 时段的末库容 $\mathrm{SKLast\_}V_{r,t+1}$，求 t 时段与 $t+1$ 时段累计目标函数的最优值，此处目标函数为两时段的缺水率的平方和最小。

9）以两时段为单元逐次滑动寻优一遍后，比较精度控制条件，如满足，该次子迭代求解完毕，计算出当前各时段的缺水率后转 10），若不满足则转 8），缺水率 SKQL_{rt} 计算如下：

$$\mathrm{SKQL}_{rt} = \frac{\mathrm{SK\_WD}_{rt} - \mathrm{SKAll\_Sup}_{rt}}{\mathrm{SKAll\_Need}_{rt} \times \mathrm{SKSJ\_Coe}_{rt}} \tag{7.16}$$

式中，$\mathrm{SKAll\_Sup}_{rt}$ 为 t 时段的 r 水库供水量；SKQL_{rt} 为 r 水库 t 时段的缺水率。如不满足精度控制条件转 7），此处精度控制条件取为

$$\sum_{t=1}^{T} \left| \mathrm{SKAll\_Sup}_{rt}^{g} - \mathrm{SKAll\_Sup}_{rt}^{g-1} \right| \leqslant \varepsilon_S \tag{7.17}$$

式中，T 为时段数；$\mathrm{SKAll\_Sup}_{rt}^{g}$ 为 r 水库第 g 次迭代 t 时段的供水量；$\mathrm{SKAll\_Sup}_{rt}^{g-1}$ 为 r 水库第 $g-1$ 次迭代 t 时段的供水量；ε_S 为滑动寻优的控制精度，此处设为0.001。

10）结合各时段的缺水率与供水量调整各时段的需水缩减系数，当某时段的供水量大于该时段的固定分水指标才进行该时段缩减系数的调整，具体调整步骤为，当 $\mathrm{SKAll\_Need}_{rt} \cdot (1-\mathrm{SKQL}_{rt}) \cdot \mathrm{SKSJ\_Coe}_{rt} \geqslant \mathrm{SKFix\_Need}_{rt}$ 时：

$$\mathrm{SKSJ\_Coe}_{rt} = (1-\mathrm{SKQL}_{rt}) \cdot \mathrm{SKSJ\_Coe}_{rt} \tag{7.18}$$

当 $\mathrm{SKAll\_Need}_{rt} \cdot (1-\mathrm{SKQL}_{rt}) \cdot \mathrm{SKSJ\_Coe}_{rt} < \mathrm{SKFix\_Need}_{rt}$ 时：

$$\mathrm{SKSJ\_Coe}_{rt} = \frac{\mathrm{SKFix\_Need}_{rt}}{\mathrm{SKAll\_Need}_{rt}} \tag{7.19}$$

式中，SKQL_{rt} 为 r 水库 t 时段的缺水率，$\mathrm{SKFix\_Need}_{rt}$ 为 r 水库 t 时段的分水指标，其余符号同前。

11）判断缩减系数的迭代是否达到精度要求，如果达到精度要求则转 11），若达不到，则用 9）所计算出的缩减系数转步骤4），缩减系数精度要求为

$$\sum_{t=1}^{T} \left| \mathrm{SKSJ\_Coe}_{rt}^{N} - \mathrm{SKSJ\_Coe}_{rt}^{N-1} \right| \leqslant \varepsilon_\xi \tag{7.20}$$

式中，$\mathrm{SKSJ\_Coe}_{rt}^{N}$ 为 r 水库第 N 次迭代 t 时段的缩减系数值；$\mathrm{SKSJ\_Coe}_{rt}^{N-1}$ 为 r 水库第 $N-1$ 次迭代 t 时段的缩减系数值；ε_ξ 为缩减系数精度值，此处取 0.0001。

12）计算出各时段的水库平均蓄水量，根据此平均蓄水量计算出水库在各时

段的水量损失,并把该损失在入流中扣除。

13)由上述步骤得到水库 r 的优化调度过程,将水库 r 各时段的总供水量 SKALL_Sup$_{rt}$ 在空间上合理分配到各个部门中。在此过程中,当水库有较多的供水部门时,可以在满足优先分水指标部门的需水后,对其余的各个部门设置权重 SKZY_Coe$_{pr}$($0 \leqslant$ SKZY_Coe$_{rjk} \leqslant 1$, r 为水库序号, p 为水库供水部门序号),权重根据各部门的经济效益比较得出,如果有生活需水则对生活需水优先保证。

(2)供水分配

在对水库的多个供水部门进行水量分配的过程中,针对初始得到的各部门的供水系数 α_p ,各时段会出现以下三种可能情况。

1)$\sum_{p=1}^{P}$SKIni_Need$_{rpt}$ = SKAll_Sup$_{rt}$,时段 t 水库 r 的供水量 SKAll_Sup$_{rt}$ 可以满足各部门相对水库 r 时段 t 的需水 SKIni_Need$_{rpt}$, SK_Sup$_{prt}$ = SKIni_Need$_{rpt}$ 。

2)$\sum_{p=1}^{P}$SKZY_Coe$_{pr}$gSKIni_Need$_{prt}$ $\geqslant$ SKAll_Sup$_{rt}$,时段 t 水库 r 供水量 SKAll_Sup$_{rt}$ 满足不了各部门乘以相对水库 r 权重后的需水总量,该情形下按照公平原则进行分水,也就是按照以下目标函数:

$$\begin{cases} \min \sum_{p=1}^{P} \left(\dfrac{\text{SKZY\_Coe}_{pr}\text{gSKIni\_Need}_{rpt} - \text{SK\_Sup}_{prt}}{\text{SKZY\_Coe}_{pr}\text{gSKIni\_Need}_{prt}} \right)^2 \\ \text{s.t.} \quad \sum_{p=1}^{P} \text{SK\_Sup}_{prt} = \text{SKAll\_Sup}_{rt} \end{cases} \quad (7.21)$$

3)$\sum_{p=1}^{P}$SKZY_Coe$_{pr}$gSKIni_Need$_{rpt}$ < SKAll_Sup$_{rt}$,且 $\sum_{p=1}^{P}$SKIni_Need$_{rpt}$ >SKAll_Sup$_{rt}$,这时先满足权重为 1 的各个部门需水, SKAll_Sup$_{rt}$ 扣除供水系数为 1 的部门的需水后变为 SKAll_Sup$_{rt}^1$,将剩余供水量按照上式的公平分配原则进行分配。

7.2.3　模型求解的协同遗传算法

考虑到目标函数的非线性以及模型各要素的复杂性,在配置模型的求解中采用协同遗传算法,下面就协同遗传算法做简要的介绍。

"协同进化"一词最早由 Ehrlich 和 Rave(1964)提出,用以讨论植物与植食性昆虫相互作用对进化的影响。Janzen(1980)首次给出了协同进化的概念,即一个物种的某一特性由于回应另一物种的某一特性而进化,而后者的该特性也由于回应前者的特性而进化。

协同进化论是对达尔文进化论的进一步完善与发展，并成为现代生态学的一个重要的理论基础。因其特别适合于复杂进化系统的动态描述，已在不同层次上被应用。在宏观层次上，协同进化的有关成果已被用来处理社会、能源、生态、人地关系等方面的问题。在微观层次上，将应用领域待求解的问题映射到生态系统，通过对生态系统进化的模拟来获得问题的求解，就产生了协同进化算法，它是对遗传算法的进一步完善与发展。

遗传算法在水资源领域的应用实践中已被证明是一种实用、有效的方法，因此可将生物种群间的协同进化理论、方法映射到水资源领域，建立体现社会经济子系统、生态环境子系统与水资源子系统之间既竞争又相互依赖关系的模型，而不是单纯以经济效益来衡量水资源的价值；在水资源系统进化理论的指导下，给出具体的解决技术与方法。

在水资源复杂系统中，各用水单元除了对水资源的竞争，还有相互协调的一面。比如，人类对水资源开发一定程度的退让可起到保护生态的作用；良好的生态环境又可以提高人类的生活质量，从而使人类与环境和谐相处。建立以生物协同进化机理为指导的模型求解技术，在不同的目标之间进行协同，可避免人为因素的影响，使得水资源的利用更符合客观规律，实现水资源复杂系统的协同发展。

协同进化遗传算法（co-evolutionary genetic alogorithm，CGA）是一种基于多种群同时进化的并行遗传算法。最早研究的种群协同关系是竞争，其特点是一种群的加强会导致另一种群的减弱。另外一种协同关系是合作，Husband（1991）提出了多种群合作型协同进化遗传算法（cooperative co-evolutionary genetic algorithm，CCGA）模型。Paredis（1995）提出一种两物种合作型协同进化遗传算法，并将其应用于 Goldberg 给出的欺骗问题。Potter（1997）给出了一种新型的算法结构，并基于该模型进行了大量的实证研究。在国内，孙晓燕等（2005）针对种群分割方法提出基于连接识别的协同进化种群分割算法。

合作型协同遗传算法的提出是为了适应现实世界中广泛存在的相互适应模块的优化问题。其编码方式与传统遗传算法截然不同，个体不再对所有变量进行编码，而只对部分变量进行编码。在个体评价时需要利用其他种群的部分个体的信息，以构成一个完整的决策变量编码，再利用适应度函数进行评价。这说明在CCGA 中种群之间以及个体之间是相互受益、相互制约、相互协同共同进化的，协同遗传算法流程图如图 7.5 所示。

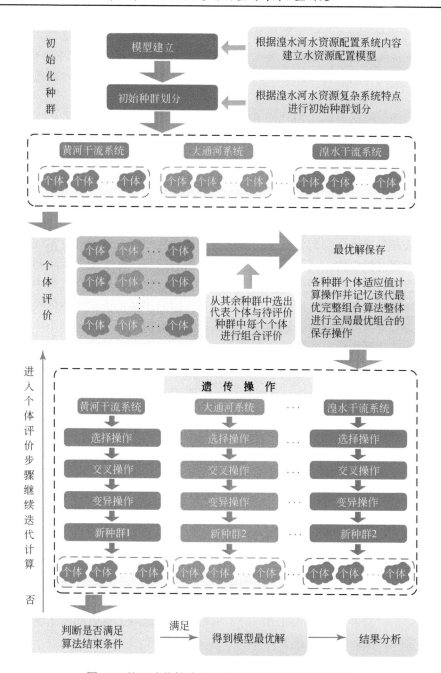

图 7.5　协同遗传算法求解湟水河谷水资源配置模型

研究区水资源优化配置模型具有大系统、非线性等特点，考虑到引黄济宁工程、引大济湟工程、黑泉水库等水源供水对象为多分区多部门，供水关系较为复杂，此处采用协同遗传算法对可利用量大、具有多个供水部门的水源进行水量优化分配，得到优化配置结果。

协同进化概念最早由 Ehrlich 和 Raven 讨论植物和植食昆虫相互之间的进化影响时提出的，在生物学上，协同进化指生物与生物、生物与环境之间在进化过程中的某种依存关系。相互作用的种群间从单方的依赖关系发展为双方的依赖关系，种群间互为不可缺少的生存条件，在长期进化过程中相互依赖、相互协调而协同进化。

合作型协同遗传算法本质上是对传统遗传算法编码方法的扩展。合作型协同遗传算法首先将优化问题的决策变量分组，从而将一个复杂的多变量优化问题转化为多个相对简单的少变量优化问题。对分组后的每一个少变量优化问题的决策变量分别独立编码产生初始子种群。各子种群独立进化，在进化过程中，只有进行个体评价时，子种群之间才进行信息交互。因为子种群内的个体仅代表被优化问题决策变量的一部分，无法直接对其评价，所以待评价子种群的个体必须和其他种群的个体结合成一个完整解。其中，选择的其他种群的结合个体称为代表个体。也就是说，待优化问题的完整解是由来自不同种群的个体共同组成的，各子种群只有相互合作才能共同进化。

在合作型协同进化遗传算法中，代表个体起到非常重要的作用。目前主要有两种方法选择代表个体：一是选择其他子种群的最优个体作为代表个体，对于初始子种群的个体评价，由于无法确定最优个体，代表个体随机选择，该方法简单易行，计算量小，适用于决策变量的各分量之间联结不强的情况。当决策变量的各分量之间联结较强时，选择一个最优个体的效果并不一定优于传统的遗传算法。这时可以采用第二种代表个体选择方法，即从各子种群中选择最优个体和任一个其他个体，分别与待评价个体结合，构成两个合作团体，分别对其进行评价，并选择适应值较大者作为待评价个体的适应值。此处选择第二种代表个体选择的方法，合作型协同遗传算法的结构图如图 7.6 所示。

1. 协同遗传算法优化分配

此处采用协同遗传算法对引黄济宁工程、引大济湟工程、黑泉水库等水量进行轮序优化分配，有如下基本思路。

（1）种群生成

各种群的个体数量依各种群中的供水部门数量而定，确定方式为

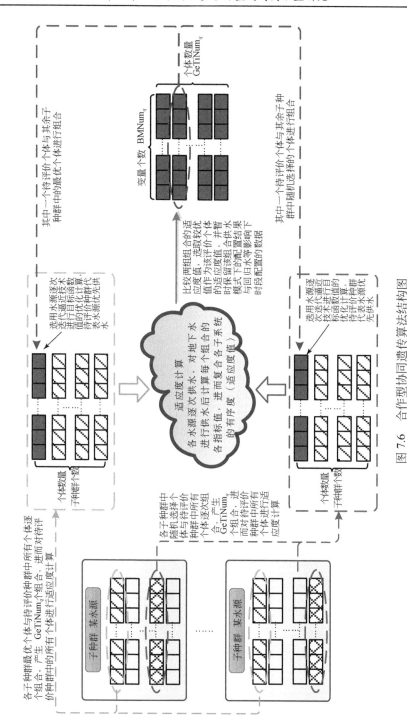

图 7.6　合作型协同遗传算法结构图

$$\begin{cases} GeTiNum_q = 2 & BMNum_q = 1 \\ GeTiNum_q = BMNum_q \times 5 & 1 < BMNum_q \leqslant 10 \\ GeTiNum_q = 50 & BMNum_q > 10 \end{cases} \qquad (7.22)$$

式中，$GeTiNum_q$ 为第 q 子种群中的个体数量；$BMNum_q$ 为第 q 子种群中供水部门数量；q 为种群代号，$q = 1, 2, \cdots, 6$。因为在适应度评价的过程中，待评价子种群需要提供两个代表个体，因此当种群中供水部门的数量为 1 时，仍包含两个个体。各子种群个体中的变量个数为该种群所代表的水源供水部门的数量。

（2）决策变量赋值

采用实数型协同遗传算法，算法中的决策变量为用水部门对各水源的供水系数，为 [0，1] 间的小数，初始各子种群个体中变量随机生成。

（3）代表个体的选择

从各子种群中选择最优个体和一个随机个体，分别与待评价种群中的所有个体结合，构成规模是待评价种群个体数目两倍的合作团体，对该合作团体中的每个组合个体均进行水源供水与评价。

（4）适应度的计算

协同遗传算法求解该水资源优化配置问题，乃是先将湟水河谷当地地表水、非常规水等进行分配，然后利用协同遗传算法对引黄济宁工程、引大济湟工程、黑泉水库水源进行分配。在用算法进行适应度计算的过程中，是对每个评价个体在进行以上水源的水量分配后，继续对各县（区）的当地地下水进行分配，以及为了考虑回归水的利用，对当前时段的回归水以及上个时段回归到该月份的回归水再进行分配，而后计算出各子系统的代表指标值，得到目标函数值以及该评价个体所包含的配置信息（详细的供需结果、回归水量、各水源的剩余水量、水库的库容、河道内生态用水满足程度等）。

对协同遗传算法中的各水源水量分配原则：

If $\quad \sum_{v=1}^{BMNum_q} Pr\,eNeed_{qv} \leqslant Re\,sVol_q \quad$ Then

$$A\lg Supply_{qv} = Pr\,eNeed_{qv}$$

ElseIf $\quad \sum_{v=1}^{BMNum_q} Pr\,eNeed_{qv} \times A\lg r_{qsv} < Re\,sVol_q < \sum_{v=1}^{BMNum_q} Pr\,eNeed_{qv} \quad$ Then

$$A \lg \text{Supply}_{qv} = Pr \, \text{eNeed}_{qv} \times A \lg r_{qsv}$$

$$+ \frac{Pr \, \text{eNeed}_{qv} \times (1 - A \lg r_{qsv}) \times \left(Re \, \text{sVol}_q - \sum_{v=1}^{\text{BMNum}_q} Pr \, \text{eNeed}_{qv} \times A \lg r_{qsv} \right)}{\sum_{v=1}^{\text{BMNum}_q} Pr \, \text{eNeed}_{qv} - \sum_{v=1}^{\text{BMNum}_q} Pr \, \text{eNeed}_{qv} \times A \lg r_{qsv}}$$

$$\text{ElseIf} \qquad Re \, \text{sVol}_q \leqslant \sum_{v=1}^{\text{BMNum}_q} Pr \, \text{eNeed}_{qv} \times A \lg r_{qsv} \qquad \text{Then} \qquad (7.23)$$

$$A \lg \text{Supply}_{qv} = Re \, \text{sVol}_q \times \frac{Pr \, \text{eNeed}_{qv} \times A \lg r_{qsv}}{\sum_{v=1}^{\text{BMNum}_q} Pr \, \text{eNeed}_{qv} \times A \lg r_{qsv}}$$

End　If

式中，$Pr \, \text{eNeed}_{qv}$ 为第 q 子种群第 v 个供水部门在该水源供水前的剩余需水量；$Re \, \text{sVol}_q$ 为第 q 子种群所代表的水源的可利用量；$A \lg \text{Supply}_{qv}$ 为第 q 子种群所代表水源对种群中第 v 个部门的供水量；$A \lg r_{qsv}$ 为第 q 子种群第 s 个个体中第 v 个变量的数值，也就是第 q 子种群第 s 个个体中对第 v 部门的供水系数；q 为子种群在进行适应度计算时的代号，因为采用逐次迭代逼近技术进行各水源的水量分配，以不同子种群作为待评价种群时由于各水源供水次序的不同使得各子种群的代号 q 的数值不同，$q = 1,2,\cdots,6$；v 为各子种群中的变量序号，也就是供水部门的序号，$v = 1,\cdots,\text{BMNum}_q$；$s$ 为子种群中个体的序号，$s = 1,2,\cdots,\text{GeTiNum}_q$。

2. 逐次迭代逼近技术

根据代表个体选择方法，待评价种群中的每个评价个体与其余子种群中最优个体以及各种群中随机选出的个体分别进行组合形成 3 种水源的 2 个供水关系矩阵。为了能更有效地求解该水资源配置模型，此处将逐次迭代逼近技术进行融入不同待评价种群地适应度计算中。利用逐次迭代逼近技术求解模型采取如下基本思路。

（1）对各水源进行初始排序

综合考虑各水源调节性能的大小、供水部门的数量、水资源可利用量大小、用水部门的分水方案等因素，对各水源的供水次序进行排序。

（2）确定各子种群的遗传操作代数

因为各子种群内的个体规模并不相同，供水部门多的种群个体相应较多，对于不同规模的子种群设定不同的迭代次数，为各子种群中个体数量乘以 10，当个体个数为 1 时，不进行迭代。考虑到为长系列配置，为使计算时间不至于太长，对供水部门多的子种群设迭代次数的上限，取为 100 代。

（3）水源轮序供水情形下待评价种群评价方法

此处共有 3 个子种群代表 3 个水源，初始子种群的个体数量分别为 $BMNum_1$、$BMNum_2$、$BMNum_3$。当对初始种群 1 进行评价的时候，从初始种群 2、初始种群 3 中选取最优个体与初始子种群 1 中的每个个体进行组合，同时分别选取子种群 2、子种群 3 中的一个随机位置个体与种群 1 中的每个个体组合。供水次序为：子种群 1、子种群 2、子种群 3。这样一共组成 $2 \times BMNum_1$ 个供水系数系列，每个系列先进行子种群代表水源的水量分配，接着对各乡镇地下水以及河道水（由水库下泄水、前一时段的河道外生态、农业回归水、当前时段的生活、二产、三产回归水、污水处理后的排放水量组成）进行水量分配，并保存各系列下的配置信息要素，每个系列所携带的配置信息要素包含信息如图所示。对每个供水系数系列所代表的配置方案计算目标函数值，也就是系统的信息熵值，作为算法的适应度值来衡量种群 1 中该待评价个体的优劣。针对待评价子种群中的每个个体进行以上操作，完成对该子种群每个个体优劣性的评价。由于每个个体组成两个供水系数系列，将目标值较优的系列作为该个体的供水系数系列，该系列的目标函数值、配置结果中各要素作为该个体的携带信息。对子种群 1 中的所有个体进行评价后，对子种群 1 进行遗传操作（选择、交叉、变异），对每个个体与其余种群的代表个体组合进行评价。重复遗传操作以及个体评价步骤直到满足终止条件，保留最优个体以及该个体所携带的配置结果中要素。

当对初始种群 2 进行评价时，将供水次序进行调整，供水次序为：子种群 2、子种群 3、子种群 1。也就是将当前评价的子群体所代表的水源作为优先供水水源，其余子群体供水次序依次进行调整。按供水次序组成供水系列进行水量分配，并进行个体优劣性评价。

按照上述轮序供水方式，对其余子种群均进行水源轮序、供水系数系列组合、水量分配、目标函数计算、适应度评价、遗传操作步骤，直到满足各子种群优化计算的终止条件。

（4）最优个体的保留

每个子种群在每次个体评价阶段，将每个子种群中每次遗传操作后均保存该子种群在当代最优供水系数系列以及该子种群的最佳个体，将该代最优个体与子种群最优个体比较目标函数值的优劣，若该代最优个体优于该子种群最优个体，则用该代最优个体信息替换该子种群最优个体，并用该最优个体携带的配置信息替换原子种群最优个体所携带的配置信息；否则该子种群的最优个体不变。

并将各子种群每代的最优个体与全局最优个体比较，若子种群某代最优个体优于全局最优个体，则全局最优个体被该子种群该代最优个体替代，原全局最优个体所携带的各配置要素也被替换。

7.3　多水源空间均衡配置方案求解

对第一层次进行分析，2030年受水区总需水量17.25亿m³，2040年各需水方案下受水区总需水分别为22.9亿m³、21.23亿m³、20.69亿m³、19.33亿m³。

第一层次求解过程中通过对湟水河谷当地地表水、地下水、中水进行配置，根据缺水量及分布，分析引大济湟与引黄济宁工程的调水总量。在本层次通过对当地水源的配置，受水区2030年缺水为7.06亿m³，通过分析需要外调水净水量为7.06亿m³。

2040年缺水分别为12.66亿m³、11.15亿m³、10.63亿m³、9.4亿m³，通过分析需要外调水净水量分别为12.66亿m³、11.15亿m³、10.63亿m³、9.4亿m³。

根据前面章节分析，根据黄河水利委员会《黄委关于青海省引大济湟西干渠工程水资源论证报告书的批复》（黄水调〔2015〕461号）与《关于青海省引大济湟调水总干渠水量指标分配说明的函》（青水资函〔2015〕135号），引大济湟工程2030年调水量确定为2.56亿m³（河道外净配置水量2.18亿m³），因此2030年引黄济宁工程净调水量可在本求解层次确定为4.63亿m³。

对第二层次进行分析，本层次考虑引大济湟调水对大通河生态效益影响最小、龙羊峡调水对黄河干流梯级发电量减少的影响最小两个目标。

大通河生态效益计算采用机会成本法，采用为维持河道生态流量用水而放弃的工农业生产生活用水所损失的机会成本，来计算引大济湟调水所影响的生态用水效益，根据对湟水河谷工业生活效益、灌溉效益的分析，工业生活单方水效益采用13.6元/m³，农田单方水综合灌溉效益为3.3元/m³，河道生态补水单方水效益8.45元/m³。

引黄济宁工程调水引起龙羊峡蓄水减少，从而影响黄河上游整个梯级的发电量；同时进入黄河中下游的水量减少，也将直接影响黄河中下游梯级电站的发电。

根据前面的分析，满足大通河适宜生态需水要求下引大济湟工程可调水量为4.52亿m³，对应可配置净水量为3.92亿m³，各需水方案引大济湟配置水量在不大于该水量的约束进行目标函数二的分析；黄河干流梯级发电减少量采用黄河水资源配置模型按照黄河水量调度相关要求计算。

在第二层次的配置模型求解中，根据湟水河谷需调水量及分布，分析引大济湟与引黄济宁工程空间均衡配置格局。确定引大济湟工程在按已有取水许可批复要求进行水量分配的基础上，进而满足湟水北岸2040年新增50万亩林草灌溉用水、大通互助 2 县生产生活用水；引黄济宁工程保障城市群生活工业、南岸 40 万亩农田和 55 万亩林草的用水，并对退还挤占南岸支沟生态用水的部门进行供水。

在本层次通过枚举法对引大济湟和引黄济宁工程净调水总量进行分析，考虑两调水工程的空间均衡配置格局及大通河可调水量约束，2040 年各需水方案下引大济湟净调水量分别为 3.87 亿 m³、3.68 亿 m³、3.57 亿 m³、3.37 亿 m³，引黄济宁净调水量分别为 8.79 亿 m³、7.47 亿 m³、7.06 亿 m³、6.03 亿 m³。

第三层次求解目的是通过经济性最大目标的优化得到各需水方案下引大济湟与引黄济宁工程调水量的优化配置结果。进而通过分析引黄济宁工程的经济性、受水区的节水性得到引黄济宁工程经济性、节水性最优的调水规模。

对引黄济宁工程不同调水规模进行经济比较（表 7.1），结果表明：随着调水规模增大，引水隧洞洞径由 5.3m、5.5m 逐渐增大到 5.6m、5.9m，工程总投资由 322.47 亿元、332.06 亿元逐渐增加到 337.15 亿元、348.25 亿元；各方案经济内部收益率由 7.97%、8.81%增加到 9.06%、9.8%，当调水规模小于 7 亿 m³ 时，经济内部收益率低于 8%，经济性相对较差；从经济比较结果看，调水规模越大，经济指标越好。

表 7.1　引黄济宁调水规模技术经济比较表

项目	方案 1	方案 2	方案 3	方案 4
2040 年研究区需水量/亿 m³	22.9	21.23	20.69	19.33
2040 年研究区缺水量/亿 m³	8.79	7.47	7.06	6.03
（1）引黄济宁调水规模/亿 m³	9.70	8.35	7.90	6.73
水量差值/亿 m³	1.35	0.45	1.17	—
（2）引水隧洞流量/（m³/s）	45.49	40.45	38.78	34.40
流量差值/（m³/s）	5.04	1.66	4.39	—
（3）引水隧洞洞径/m	5.9	5.6	5.5	5.3
洞径差值/m	0.3	0.1	0.2	—
（4）投资/亿元	348.25	337.15	332.06	322.47
投资差值/亿元	11.1	5.09	9.59	—
（5）内部收益率/%	9.8	9.06	8.81	7.97
差额内部收益/%	19.23	16.71	19.26	—

从供水区需水规模合理性、工程规模经济性、环境因素以及为今后发展适当留有余地等角度考虑，推荐引黄济宁工程调水规模为 7.9 亿 m³，其中 2030 年调水规模 5.11 亿 m³。

通过对配置模型的优化求解，受水区 2030 年水资源配置结果如表 7.2 所示，2040 年最优方案水资源配置结果如表 7.3 所示。

表 7.2　2030 年研究区水资源配置表（引大济湟 2.56 亿 m³）　　单位：万 m³

地区		部门	水量				
			生活三产	工业	农田灌溉	林草	合计
西宁市	西宁市区	需水	24672	17210	2143	2417	46443
		当地供水	12758	5839	2143	2417	23157
		黑泉水库	3371	2247	0	0	5618
		引大济湟	0	0	0	0	0
		引黄济宁	8543	9124	0	0	17668
		供水合计	24672	17210	2143	2417	46443
		缺水	0	0	0	0	0
	湟源县	需水	1207	832	3623	521	6184
		当地供水	1207	832	3623	521	6183
		黑泉水库	0	0	0	0	0
		引大济湟	0	0	0	0	0
		引黄济宁	0	0	0	0	0
		供水合计	1207	832	3623	521	6184
		缺水	0	0	0	0	0
	湟中县	需水	3702	6789	12995	2688	26174
		当地供水	3647	889	6405	1688	12629
		黑泉水库	0	0	0	0	0
		引大济湟	0	5900	2707	0	8607
		引黄济宁	56	0	3025	1000	4081
		供水合计	3702	6789	12137	2688	25316
		缺水	0	0	858	0	858
	大通县	需水	3132	5670	11140	1639	21581
		当地供水	1725	1729	4168	1639	9262
		黑泉水库	1406	3940	550	0	5896
		引大济湟	0	0	6422	0	6422
		引黄济宁	0	0	0	0	0
		供水合计	3132	5670	11140	1639	2151
		缺水	0	0	0	0	0

地区	部门	水量				
		生活三产	工业	农田灌溉	林草	合计
西宁市	西宁合计					
	需水	32714	30501	29901	7266	100381
	当地供水	19337	9289	16339	6265	51230
	黑泉水库	4777	6187	550	0	11514
	引大济湟	0	5900	9129	0	15029
	引黄济宁	8599	9125	3025	1000	21749
	供水合计	32713	30501	29043	7266	99523
	缺水	0	0	858	0	859
海东市	平安区					
	需水	1527	1316	3238	2614	8695
	当地供水	694	99	1661	1141	3594
	黑泉水库	0	0	0	0	0
	引大济湟	0	0	0	0	0
	引黄济宁	833	1217	1577	1473	5100
	供水合计	1527	1316	3238	2614	8695
	缺水	0	0	0	0	0
	乐都区					
	需水	2574	1998	13610	4031	22214
	当地供水	1153	680	5401	1088	8321
	黑泉水库	1204	379	793	0	2376
	引大济湟	0	0	2007	0	2007
	引黄济宁	217	939	5044	2944	9144
	供水合计	2574	1998	13245	4031	21849
	缺水	0	0	365	0	365
	互助县					
	需水	3462	3122	17157	1745	25486
	当地供水	1667	170	7988	1745	11571
	黑泉水库	1793	2953	3144	0	7890
	引大济湟	0	0	4765	0	4765
	引黄济宁	0	0	0	0	0
	供水合计	3461	3122	15897	1745	24226
	缺水	0	0	1259	0	1260
	民和县					
	需水	1884	1955	7124	4735	15698
	当地供水	1869	1095	765	1667	5396

续表

地区		部门	水量				
			生活三产	工业	农田灌溉	林草	合计
海东市	民和县	黑泉水库	0	0	0	0	0
		引大济湟	0	0	0	0	0
		引黄济宁	15	861	6359	3068	10303
		供水合计	1884	1955	7124	4735	15698
		缺水	0	0	0	0	0
	海东合计	需水	9446	8392	41129	13126	72093
		当地供水	5382	2043	15816	5641	28882
		黑泉水库	2997	3332	3937	0	10266
		引大济湟	0	0	6772	0	6772
		引黄济宁	1065	3017	12980	7485	24547
		供水合计	9445	8392	39505	13126	70468
		缺水	0	0	1624	0	1625
研究区	城市群合计	需水	34359	29268	0	0	63627
		当地供水	20120	8601	0	0	28721
		黑泉水库	4575	2626	0	0	7201
		引大济湟	0	5900	0	0	5900
		引黄济宁	9664	12142	0	0	21806
		供水合计	34359	29268	0	0	63627
		缺水	0	0	0	0	0
	湟水北岸合计	需水	6594	8792	42070	5293	62749
		当地供水	3393	1899	19201	5293	29785
		黑泉水库	3199	6893	4487	0	14579
		引大济湟	0	0	15901	0	15901
		引黄济宁	0	0	0	0	0
		供水合计	6592	8792	39589	5293	60265
		缺水	2	0	2481	0	2484
	湟水南岸合计	需水	1207	832	28960	15099	46098
		当地供水	1207	832	12954	6614	21607
		黑泉水库	0	0	0	0	0
		引大济湟	0	0	0	0	0

地区	部门	水量				
		生活三产	工业	农田灌溉	林草	合计
湟水南岸合计	引黄济宁	0	0	16006	8485	24491
	供水合计	1207	832	28960	15099	46098
	缺水	0	0	0	0	0
研究区 研究区合计	需水	42160	38892	71030	20392	172474
	当地供水	24719	11332	32155	11906	80113
	黑泉水库	7774	9519	4487	0	21780
	引大济湟	0	5900	15901	0	21801
	引黄济宁	9664	12142	16005	8485	46296
	供水合计	42160	38892	68547	20392	169991
	缺水	0	0	2483	0	2483

表 7.3　2040 年推荐方案研究区配置表（引大济湟可调水量 4.52 亿 m³）单位：万 m³

地区	部门	水量				
		生活三产	工业	农田灌溉	林草	合计
西宁市 西宁市区	需水	33431	26281	1929	2417	64059
	当地供水	12252	6741	1929	2417	23340
	黑泉水库	3371	2247	0	0	5618
	引大济湟	0	0	0	0	0
	引黄济宁	17808	17293	0	0	35101
	供水合计	33431	26281	1929	2417	64059
	缺水	0	0	0	0	0
湟源县	需水	1482	1056	3323	521	6382
	当地供水	1481	1056	3323	521	6381
	黑泉水库	0	0	0	0	0
	引大济湟	0	0	0	0	0
	引黄济宁	0	0	0	0	0
	供水合计	1482	1056	3323	521	6382
	缺水	0	0	0	0	0
湟中县	需水	4652	9751	12192	2907	29503
	当地供水	2671	2436	5602	1688	12397
	黑泉水库	0	0	0	0	0

续表

地区	部门	水量				
		生活三产	工业	农田灌溉	林草	合计
西宁市	湟中县					
	引大济湟	0	5900	3565	219	9684
	引黄济宁	1982	1415	3025	1000	7422
	供水合计	4652	9751	12192	2907	29503
	缺水	0	0	0	0	0
	大通县					
	需水	3941	7257	10617	1927	23742
	当地供水	1883	968	3645	1639	8136
	黑泉水库	1406	3940	550	0	5896
	引大济湟	652	2349	6422	288	9711
	引黄济宁	0	0	0	0	0
	供水合计	3941	7257	10617	1927	23742
	缺水	0	0	0	0	0
	西宁合计					
	需水	43506	44346	28061	7772	123685
	当地供水	18287	11202	14499	6265	50254
	黑泉水库	4777	6187	550	0	11514
	引大济湟	652	8249	9987	507	19395
	引黄济宁	19790	18708	3024	1001	42523
	供水合计	43506	44346	28061	7773	123685
	缺水	0	0	0	0	0
海东市	平安区					
	需水	2014	2318	3054	2614	10000
	当地供水	824	105	1477	1141	3546
	黑泉水库	0	0	0	0	0
	引大济湟	0	0	0	0	0
	引黄济宁	1190	2214	1577	1473	6454
	供水合计	2014	2318	3054	2614	10000
	缺水	0	0	0	0	0
	乐都区					
	需水	3285	2864	13232	8596	27978
	当地供水	1492	680	5023	1087	8283
	黑泉水库	1204	379	793	0	2376
	引大济湟	0	0	2372	4565	6937
	引黄济宁	588	1805	5044	2944	10382
	供水合计	3285	2864	13232	8596	27978
	缺水	0	0	0	0	0

续表

地区	部门	水量				
		生活三产	工业	农田灌溉	林草	合计
海东市	互助县	需水	4379	4127	16553	3585	28643
		当地供水	1770	449	7383	1745	11348
		黑泉水库	1793	2953	3144	0	7890
		引大济湟	815	725	6025	1839	9404
		引黄济宁	0	0	0	0	0
		供水合计	4379	4126	16552	3584	28643
		缺水	0	0	0	0	0
	民和县	需水	2472	2581	6832	4735	16621
		当地供水	2147	1062	473	1667	5349
		黑泉水库	0	0	0	0	0
		引大济湟	0	0	0	0	0
		引黄济宁	326	1520	6359	3068	11273
		供水合计	2472	2581	6832	4735	16621
		缺水	0	0	0	0	0
	海东合计	需水	12150	11891	39672	19530	83242
		当地供水	6233	2295	14357	5640	28526
		黑泉水库	2997	3332	3937	0	10266
		引大济湟	815	725	8397	6404	16341
		引黄济宁	2104	5539	12980	7485	28109
		供水合计	12150	11890	39671	19530	83242
		缺水	0	0	0	0	0
研究区	城市群合计	需水	45854	43797	0	0	89651
		当地供水	19386	11024	0	0	30410
		黑泉水库	4575	2626	0	0	7201
		引大济湟	0	5900	0	0	5900
		引黄济宁	21893	24247	0	0	46141
		供水合计	45854	43797	0	0	89651
		缺水	0	0	0	0	0
	研究区湟水北岸	需水	8320	11384	40307	12203	72214
		当地供水	3654	1417	17436	5292	27799
		黑泉水库	3199	6893	4487	0	14579
		引大济湟	1467	3074	18384	6911	29836

续表

地区		部门	水量				
			生活三产	工业	农田灌溉	林草	合计
研究区	研究区湟水北岸	引黄济宁	0	0	0	0	0
		供水合计	8320	11384	40307	12203	72214
		缺水	0	0	0	0	0
	研究区湟水南岸	需水	1482	1056	27425	15099	45062
		当地供水	1481	1056	11421	6613	20571
		黑泉水库	0	0	0	0	0
		引大济湟	0	0	0	0	0
		引黄济宁	0	0	16004	8486	24491
		供水合计	1482	1056	27425	15099	45062
		缺水	0	0	0	0	0
	研究区合计	需水	55656	56237	67733	27302	206928
		当地供水	24521	13497	28856	11906	78779
		黑泉水库	7774	9519	4487	0	21780
		引大济湟	1467	8974	18384	6911	35736
		引黄济宁	21894	24247	16005	8486	70632
		供水合计	55656	56237	67733	27302	206928
		缺水	0	0	0	0	0

2030 年引大济湟供水规模为 2.56 亿 m^3，研究区配置河道外供水量 17.0 亿 m^3，按水源分，当地地表水 5.74 亿 m^3，黑泉水库供水 2.18 亿 m^3，引大济湟工程净供水 2.18 亿 m^3，引黄济宁工程供水 4.63 亿 m^3，配置地下水 1.58 亿 m^3，其他水源 0.68 亿 m^3。按用水部门分，生活供水 3.35 亿 m^3，工业供水 3.89 亿 m^3，农业供水 8.89 亿 m^3，生态供水 0.86 亿 m^3（表 7.4）。

表 7.4　推荐需水方案研究区水量配置　　单位：亿 m^3

规划年	引大济湟供水规模	需水量	当地水供水	黑泉水库	引大济湟	缺水量	引黄济宁调水规模	缺水分布
2030	2.56	17.25	8.01	2.18	2.18	4.88	5.11	城市群、南岸灌区、北岸灌区
2040	4.18	20.69	7.88	2.18	3.57	7.06	7.9	城市群、南岸灌区

2030 年配置方案在充分挖掘当地蓄引提等水源工程供水潜力的情况下，保护压减地下水配置量至 1.58 亿 m^3，再生水配置量达到 0.68 亿 m^3。

根据黑泉水库初步设计报告和北干一期工程水资源报告批复等文件，黑泉水库配置河道外城镇生活和工业、灌溉毛水量 2.36 亿 m³，净水量为 2.18 亿 m³，其中西宁市区 1.23 亿 m³，大通 0.19 亿 m³，互助 0.53 亿 m³，乐都 0.24 亿 m³。黑泉水库位于湟水北岸，为当地水源，且距大通、互助两县较近，按照"高水高用"原则，考虑引黄济宁工程生效，本次对黑泉水库水量配置进行了适当调整。调整思路为：黑泉水库优先满足大通、互助等湟水北岸地区扶贫灌溉和城市生活工业发展用水，减少配置给西宁市的水量。调整后，配置黑泉水库河道外城镇生活和工业、灌溉毛水量 2.36 亿 m³，净水量 2.18 亿 m³，其中西宁市区 0.56 亿 m³，大通 0.59 亿 m³，互助 0.79 亿 m³，乐都 0.24 亿 m³。

引大济湟调水工程位于湟水北岸，其水量配置思路为优先满足湟水北岸扶贫灌溉、城镇生活和工业发展、生态环境用水，结合已建西干渠工程，满足现状甘河工业园区用水。根据国家发改委关于青海省引大济湟调水总干渠工程可行性研究报告的批复（发改农经〔2010〕1964 号）和"青海省引大济湟调水总干渠水资源论证报告的批复（黄水调〔2009〕18 号）"等文件，2030 年引大济湟工程配置毛水量 2.56 亿 m³ 情景下，配置净水量 2.49 亿 m³，其中城镇生活和工业 0.59 亿 m³，农业灌溉 1.59 亿 m³，河道生态 0.31 亿 m³。按行政区分（河道外），大通 0.64 亿 m³，互助 0.48 亿 m³，湟中 0.86 亿 m³，乐都 0.2 亿 m³。

2030 年引黄济宁工程净供水 4.63 亿 m³，其中向西宁市区供水 1.77 亿 m³，湟中县供水 0.41 亿 m³，平安区供水 0.51 亿 m³，乐都区供水 0.91 亿 m³，民和县供水 1.03 亿 m³；向城市生活与工业供水 2.18 亿 m³，向南岸农田林地供水 2.45 亿 m³（含置换挤占河道内生态水量 0.69 亿 m³）。

2040 年，按高水高用原则，引大济湟工程调水量按满足湟水北岸用水需求考虑，包括农业灌溉、城镇生活和工业发展、生态环境用水，以及置换北岸支沟被挤占的生态用水。根据供需平衡分析，2040 年引大济湟毛调水量 4.18 亿 m³，与最大可调水量 4.52 亿 m³ 相比余留 0.34 亿 m³，作为湟水北岸地区未来经济社会发展用水需求增长之用。

2040 年研究区配置河道外供水量 20.69 亿 m³，按水源分，当地地表水 5.58 亿 m³，黑泉水库供水 2.18 亿 m³，引大济湟调水 3.57 亿 m³，引黄济宁净供水 7.06 亿 m³，地下水 1.33 亿 m³，其他水源 0.97 亿 m³。按用水部门分，生活用水 4.6 亿 m³，工业用水 5.62 亿 m³，农业用水 9.5 亿 m³，生态用水 0.97 亿 m³（表 7.4）。

引大济湟工程配置河道外净水量 3.57 亿 m³，其中城镇生活和工业 1.04 亿 m³、农林灌溉 2.28 亿 m³、置换挤占北岸河道内生态水量 0.25 亿 m³。按行政区分（河道外），大通县 0.97 亿 m³，互助县 0.94 亿 m³，湟中 0.97 亿 m³，乐都 0.69 亿 m³。

引黄济宁工程配置河道外净水量 7.06 亿 m³，其中向西宁市区供水 3.51 亿 m³，湟中县供水 0.74 亿 m³，平安区供水 0.65 亿 m³，乐都区供水 1.04 亿 m³，民和县供水 1.13 亿 m³；向城市生活与工业供水 4.61 亿 m³，向南岸农田林地供水 2.45 亿 m³（含置换挤占河道内生态水量 0.60 亿 m³）。

根据研究区水资源供需配置成果，2030 年缺水 4.88 亿 m³，其中湟水南岸及城市群缺水 4.63 亿 m³；2040 年缺水 7.06 亿 m³，缺水全部分布在湟水南岸农林灌溉及城市群。根据研究区缺水分布，引黄济宁工程供水对象选择为湟水南岸和城市群，具体为西宁市、湟中县、平安区、乐都区、民和县的湟水南岸农林灌溉以及城市生活、生产供水。2030 年供水对象需引黄济宁工程净调水量为 4.63 亿 m³，2040 年为 7.06 亿 m³。毛水量分别为 5.11 亿 m³、7.9 亿 m³。

7.4　配置方案分析

7.4.1　与用水总量指标协调情况

根据全国用水总量控制方案，2015 年、2020 年和 2030 年青海省用水总量控制指标分别为 37 亿 m³、37.95 亿 m³、47.54 亿 m³。目前，青海省 2020 年用水总量指标已分配到各地市，其中，西宁市 8.08 亿 m³、海东市 7 亿 m³。暂按 2020 年各地市分配比例考虑，则 2030 年西宁市可分配用水总量控制指标为 11.2 亿 m³，海东市为 9.8 亿 m³，两市合计用水总量控制指标为 21 亿 m³。

根据研究区水资源供需分析及配置成果，扣除再生水供水量，考虑引黄济宁工程供水量后，2030 年推荐方案下西宁、海东两市总配置地表水和地下水水量为 16.32 亿 m³，小于 2030 年两地分配用水总量指标。因此，从用水总量指标分析，满足引黄济宁工程 2030 年增加的供水量要求。

结合黄委和青海省加强取水许可管理的要求，2018 年青海省水利厅组织开展了省内黄河流域取水许可台账复核工作，对全省黄河流域已经发放取水许可证或建设项目水资源论证审批同意水量进行了全面系统的复核，对黄委、省、市、县等各级主管部门许可水量中的重复部分予以梳理和扣除。同时，对部分灌区超定额许可水量进行了核减。

通过分析已审批青海省黄河地表水耗水量 12.12 亿 m³（为 8.23 亿 m³+3.89 亿 m³），其中干流 4.23 亿 m³，支流 7.90 亿 m³。与青海省分配黄河水量指标 14.1 亿 m³ 相比，青海省剩余耗水指标 1.98 亿 m³（其中干流剩余 0.71 亿 m³，支流剩余 1.26 亿 m³）。考虑地表水取水许可、审批同意水量可核减 1.30 亿 m³ 后，青海省剩余指标 3.28 亿 m³。"

采用耗水系数法与生态水文模型方法分析引黄济宁工程新增黄河地表水耗水量。

（1）耗水系数法分析新增黄河地表水耗水量

引黄济宁工程近期 2030 年考虑输水损失后调水量 5.11 亿 m³，其中城市群生活和工业供水量 2.49 亿 m³，南岸新增农田、生态林灌溉供水量 1.93 亿 m³，退还挤占生态水量 0.69 亿 m³（该部分水量考虑现状已办理取水许可，不新增耗水指标）。根据 2010～2016 年的《黄河水资源公报》平均耗水系数 0.72 计算，引黄济宁工程 2030 年需新增黄河耗水量约 3.18 亿 m³。

在实施取水许可指标复核及核减等措施后，青海省剩余黄河指标满足引黄济宁工程 2030 年需增加的耗水指标要求，但需要青海省对剩余指标进行统筹优化和调整。远期 2040 年，随着引黄济宁等工程耗用黄河水量增加，可通过南水北调西线工程等增加青海省黄河分水指标予以解决。

（2）基于流域分布式生态水文模型分析新增黄河地表水耗水量

采用自然—人工二元水循环模型模拟引黄济宁工程生效后民和断面径流量，根据引黄济宁工程生效前后民和断面径流量的变化分析引黄济宁工程供水后研究区增加的地表水耗水量。

如表 7.5 所示，根据 2030 水平年各供水水源与需水预测成果，设置无"引大济湟"无"引黄济宁"工程、有"引大济湟"工程及同时有"引大济湟"和"引黄济宁"工程条件三种情景。通过模拟民和断面不同来水频率下的规划方案，经分析 2030 水平年 25%来水频率下，三种情景下民和断面年径流量分别为 21.35 亿 m³、22.43 亿 m³、24.76 亿 m³；50%来水频率三种情景下民和断面年径流量分别为 19.95 亿 m³、21.03 亿 m³、23.36 亿 m³。

表 7.5　规划 2030 年水平年民和断面不同来水频率下规划方案径流量对比

不同来水频率/%	民和断面年径流量/亿 m³		
	无"引大济湟" 无"引黄济宁"	仅有"引大济湟"	同时有"引大济湟" 和"引黄济宁"
25	21.35	22.43	24.76
50	19.95	21.03	23.36
75	13.84	14.92	17.25
90	10.53	11.62	13.94

对比 50%来水频率引黄济宁工程生效后增加的地表径流量，由引黄济宁工程调水量减去民和断面增加的地表径流得到引黄济宁工程调水增加的地表耗水量，2030 年引黄济宁工程调水量 5.11 亿 m³ 情景下民和断面增加径流 2.33 亿 m³，二者相减得到增加地表耗水量 2.78 亿 m³。

通过两种方法计算的引黄济宁工程 2030 年调水量 5.11 亿 m³ 情景下增加黄河

水耗水量分别为 3.18 亿 m^3 和 2.78 亿 m^3，此处取两种方法计算的较大值 3.18 亿 m^3 作为 2030 年工程调水增加的耗水量。通过分析 2030 年青海省剩余引黄指标为 3.28 亿 m^3，通过模型求解的引黄济宁工程调水量在该指标范围内。

根据耗水系数法结合 2010～2016 年的《黄河水资源公报》多年平均耗水系数分析 2030 年引黄济宁工程新增地表水耗水量为 3.18 亿 m^3，基于流域分布式生态水文模型模拟 2030 年引黄济宁工程供水新增地表耗水量为 3.12 亿 m^3，此处对两种方法结果取大值，即 2030 年引黄济宁工程供水新增地表耗水量 3.18 亿 m^3。

青海省剩余黄河地表取水指标 3.28 亿 m^3，本次分析 2030 年引黄济宁工程供水新增地表耗水量小于青海省剩余黄河地表取水指标。表明在实施取水许可指标复核及核减等措施后，青海省剩余黄河指标满足引黄济宁工程 2030 年需增加的耗水指标要求，但需要青海省对剩余指标进行统筹优化和调整。2040 年引黄济宁工程需耗水指标约 5.19 亿 m^3，需通过南水北调西线等外流域调水措施予以解决。

7.4.2　调水对黄河干流水文情势影响

现状河沿断面年均水量 284.9 亿 m^3，河口镇断面年均水量 203.4 亿 m^3，利津断面年均水量 181.0 亿 m^3。

引黄济宁工程 2030 年调水后，相对于现状方案，下河沿断面与河口镇断面年水量均减少 3.0 亿 m^3，其中汛期水量减少 1.0 亿 m^3。上游断面减少水量与引黄济宁工程实引耗水量相同。利津断面年水量均减少 2.7 亿 m^3，其中汛期水量减少 1.2 亿 m^3。

引黄济宁工程 2040 年调水后，相对于现状方案，下河沿断面与河口镇断面年水量均减少 5.5 亿 m^3，其中汛期水量减少 1.6 亿 m^3，上游断面减少水量与引黄济宁工程引耗水量相同。利津断面年水量均减少 4.9 亿 m^3，其中汛期水量减少 2.0 亿 m^3（表 7.6）。

表 7.6　引黄济宁工程调水对重要断面的水量影响　　　　　单位：亿 m^3

引黄济宁方案	下河沿断面				河口镇断面				利津断面			
	年水量	汛期水量	年影响	汛期影响	年水量	汛期水量	年影响	汛期影响	年水量	汛期水量	年影响	汛期影响
基准年	284.9	132.0	—	—	203.4	96.1	—	—	181.0	111.1	—	—
2030 年	281.9	130.9	-3.0	-1.0	200.4	95.1	-3.0	-1.0	178.3	109.9	-2.7	-1.2
2040 年	279.4	130.3	-5.5	-1.6	198.0	94.5	-5.5	-1.6	176.1	109.1	-4.9	-2.0

7.4.3 调水经济效益分析

1. 城镇生活工业供水效益

引黄济宁城镇工业生活供水范围主要包括西宁市、海东市的湟中县、平安区、乐都区和民和县五个地区。骨干工程末端 2030 年工业生活水量为 34303 万 m³，其中生活 10505 万 m³、工业 23798 万 m³，2040 年供水量为 48045 万 m³，其中生活 23798 万 m³、工业 24247 万 m³。

本次生活供水效益采用支付意愿法、工业供水效益采用分摊系数法。

（1）生活供水效益

依据《水经规范》，本次按照城镇用水户可接受的最高水价作为用户可支付意愿。

1995 年我国建设部《城市缺水问题研究报告》中认为，我国城市居民生活用水水费支出占家庭收入的 2%～2.5%是比较合适的。我国的一些调查研究表明，当水费占家庭收入的 1%时，对居民的心理作用不大；当水费占家庭收入的 2%时，有一定影响；当水费占家庭收入的 2.5%时，将引起居民用水的重视，注意节约用水；当水费占家庭收入的 3%时，将对居民用水产生很大的影响，可促使他们合理地节约用水。对不同规模的城市，不同收入的用户采用不同的水费支出比重，一般特大城市比重为 3%，中等城市为 2.5%。从国内经验看，水费支出占人均可支配收入的比重为 2%～2.5%时，绝大多数居民均能承受。《水经规范》根据国内外统计资料，认为城市居民的全年水费支出占其全年可支配收入的比例在 1.5%～3%以内，在用户可以接受的范围。现状西宁市和海东市全年水费支出约占居民可支配收入的 0.4%。综合以上分析，考虑西宁市和海东市实际情况，本次暂按照 1.0%作为用户最大支付意愿。

根据统计资料分析，2018 年西宁市和海东市城镇居民可支配收入约为 32446元、29734 万元。城镇居民生活用水定额为 145L/（人·d），计算得到城镇居民用水支付意愿为 6.13 元/m³、5.62 元/m³，以此估算供水效益。初步考虑本工程分摊70%，则西宁市、海东市供水效益分别为 4.29 元/m³、3.93 元/m³，相应的 2030 年、2040 年生活供水效益分别为 44642 万元、100536 万元。

（2）工业供水效益

根据需水预测，五个受水区调水量、一般工业万元增加值用水量，计算受水区一般工业万元增加值用水量现状年为 23m³/万元，设计水平 2030 年为 18m³/万元、设计水平 2040 年为 16m³/万元。折算成万元产值用水量分别为 8.1m³/万元、6.3m³/万元、5.6m³/万元。

分摊系数法，即按有、无项目对比供水工程和工业技术措施可获得的总增产值，乘以供水工程效益分摊系数计算，分摊系数反映"水"在工业生产中的地位和作用。一方面随着经济社会的不断发展，水资源的稀缺性愈加突出，取水工程建设难度和取水成本也在不断增加，尤其是在缺水地区水资源已经成为经济社会发展的重要制约因素；另一方面随着科学技术的不断进步，万元产值取用水量大幅度减小，在其他因素（如供水工程和工业企业总费用）不变的情况下，供水效益分摊系数应相应减小。参考类似调水工程，初步拟定工业供水效益分摊系数取 1.0%。

工业供水效益是由引黄济宁工程和制配水工程（含水厂及管网工程等）共同作用的结果。初步考虑引黄济宁工程分摊工业供水效益的 70%。经计算，引黄济宁工程设计水平 2030 年、2040 年工业生活供水单方水效益分别为 10.70 元/m³、12.04 元/m³。设计水平年 2030 年、2040 年引黄济宁工程城镇生活及工业供水效益分别为 254627 万元、291853 万元。

综合以上分析，本工程 2030 年、2040 年工业生活供水效益分别为 299269 万元、392389 万元。

2. 农田灌溉效益

引黄济宁工程灌溉对象是湟水南岸新增 30 万亩农田，其中湟中县 11.2 万亩、平安区 3.0 万亩、乐都区 5.5 万亩、民和县 10.4 万亩。湟水南岸地区土地资源丰富、光热条件较好，是全省农业生产重要地区之一。但长期以来该地区农业靠天吃饭，广种薄收，农作物产量低而不稳。引黄济宁调水工程将根本解决湟水南岸浅山干旱区灌溉水源，还为发展高原特色农业、设施农业等农民致富产业创造先决条件。

工程建成后，可以在海东地区大力发展高原特色农产品马铃薯、油菜、富硒蔬菜等。根据湟中县、平安区、乐都区、民和县种植结构、有无工程灌溉前后产值分析，有工程后四个地区新增亩产值为 1505～2328 元。亩增产值是该项目和作物品种改良、肥料用量增加、耕作技术、植保措施改善等因素共同作用的结果，参考地区类似工程，本次灌溉效益分摊系数取 0.5。本次灌溉工程包括骨干工程和田间配套工程，因此本工程分摊的灌溉效益系数取 1。经计算引黄济宁工程年灌溉效益为 37030 万元。

3. 林地灌溉效益

引黄济宁工程灌溉林地面积为 65 万亩，其中经济林 10 万亩，生态林 55 万亩。

（1）经济林

经济林主要种植作物为花椒。据调查分析，花椒树在种植后第五年达到盛果期，年干花椒产量为 112kg，有无该项目盛果期亩产相差干花椒量为 49kg，按照单价 50 元/kg 计算，亩增产值为 2450 元。参考农田灌溉效益分摊系数，灌溉效益分摊系数取 0.5，本工程分摊灌溉效益系数取 1，则亩增产值为 1225 元。因此，引黄济宁工程经济林灌溉效益为 12250 万元。

（2）生态林

引黄济宁工程生态林灌溉范围为湟水南岸浅山地区。浅山地区降水量低，蒸发量大，气候和土壤干燥度大，常规造林成活率和保存率较低，造林绿化必须依靠水利灌溉，才能保持造林成效。

生态系统不仅为人类提供实物性生态产品服务，还具有维持水文循环、维持生物多样性，调节气候、涵养水源、净化环境，减轻自然灾害等多方面的服务。随着人类活动对生态系统结构与功能影响的加剧，利用经济学手段对生态系统服务定量评估已成为生态学、生态经济学、环境经济学等领域研究热点，生态系统服务价值评估已经成为生态和环境方面发展最快的领域。从 20 世纪末，国内外生态环境领域专家相继开展了大量的研究。基于生态系统服务内容的庞杂性，对其进行质量评价具有挑战性，目前学术界还没有一套统一公认的方法，研究基本是进行定性和半定量化评估。

为科学而全面评估青海省各类生态系统服务价值，为生态立省提供科学依据，2012 年青海省委、省人民政府组织实施了青海省生态系统服务监测与价值评估研究项目。此次研究通过构建天、空、地一体的青海省生态系统监测网络，整合多来源、多尺度、多过程、多时相的生态环境调查监测数据，建立青海省生态服务价值定量评估指标及评估方案体系，定量分析生态系统的功能演化时空格局，实现生态系统服务和生态资产的价值化。借鉴目前科学界形成共识的、最具权威的生态系统服务分类体系指标，结合国内外生态系统服务价值评估最新发展以及青海省生态系统的特色地位和情况，本次研究提出了青海省生态服务价值评估指标体系，包括供给服务、调节服务、支持服务、生物多样性保护、文化服务五大系统指标；通过运用多种经济价值转移方案，包括直接市场法、替代成本法、替代工程法、假象市场法等，计算青海省生态系统五大类指标的经济价值。

本工程生态林灌溉效益按照有无对比原则，采用分摊系数法计算。浅山地区在没有灌溉条件下林木无法成活，天然生态系统主要为质量差的林草，其生态系统服务价值按照青海省草地生态系统平均水平的一半考虑取 356 元/亩。有灌溉情况下，通过人工生态林建设，该地区可形成森林生态系统，结合西宁海东地区森林生态系统与全省其他地区森林生态系统的对比分析，本次年服务价值取 2022元/亩。灌溉效益分摊系数参照农田灌溉效益分摊系数取 0.5。本工程分摊的灌溉效益参照农田灌溉效益取 1。综合分析，对于生态林系统，本工程亩灌溉效益为833 元，灌溉年总增产效益为 45837 万元。

4. 置换挤占河道内生态水量效益

引黄济宁工程置换挤占生态水量主要是指退还挤占的湟水南岸河道内生态水量，年水量（毛）为 6946 万 m^3。

河道内生态水量（流量）是维持河流水生态系统的结构和功能正常发挥，保障人类生存与发展的合理需求所必需的水量（流量）过程。现状青海省湟水流域由于人口、经济布局集中，水土资源不匹配，加之以往水资源配置中没有充分保障生态需水量，导致部分河流生态用水被挤占，部分河流存在生态缺水问题。自 20 世纪 50 年代以来，湟水干流地区经济社会快速发展，修建了大批水利工程，上游耗用水量增加，导致湟水河干流主要断面之一民和断面平均实测径流量较天然减少了 33.2%。同时，各支沟现状年地表水资源开发利用程度逐年上升，地表水资源开发利益程度超过 40% 的支沟为 12 条，超过 60% 的有 6 条，南岸虎狼沟、南川河、小南川河、祁家川、隆治沟地表水资源开发利用程度已分别高达 94.6%、73.2%、75.9%、75.1%、79.9%，河道内生态需水受挤压严重，河道生态环境难以得到有效保障，进而导致河沟水生态质量变差、水生态系统恶化。

本工程置换挤占的湟水南岸河道内生态水量主要用于补充农业用水挤占的河道生态水量，因此其供水效益采用农业单方水效益计算，约为 3.55 元/m^3，年生态补水效益为 24684 万元。

第8章 结论和展望

8.1 结 论

针对湟水流域出现的具有挑战性的新科学问题"引黄济宁工程水资源配置"，项目从野外观测、问题剖析、理论创新、技术创建、规律揭示与数值模拟、技术集成等方面入手，对引黄济宁工程水资源配置关键技术展开研究。通过分析湟水河谷社会经济发展、生态保护等目标要求，构建了包含经济社会缺水最小、多水源调水生态效益最大、调水经济效益最大三个目标的多目标水资源配置均衡模型，明晰了引黄济宁工程调、配水规律，提出了引黄济宁工程调水规模方案集，并深入探讨了引黄济宁工程水资源配置关键技术的科学性与适用性。通过上述研究，获得如下结论。

1）与20世纪80年代相比，湟水流域林地和居民及城乡建设用地呈增加趋势；植被覆盖度和净初级生产力总体呈增加趋势；但是，景观破碎化程度增加，空间连续性处于减弱的趋势，且逐渐趋于均衡分布。基于现状土地适宜性评价结果，按照"宜居、保田、护林、调草"的原则，以不适宜地块"消失"和临界适宜地块面积最小为目标，开展湟水流域的"林-草-田"优化布局；"水-湖"主要涉及考虑洪泛区的河流廊道、沼泽地、湖库和规划湿地；综合两套方案，生成流域"山水林田湖草"高度适宜、中度适宜和一般适宜三个方案。其中，中度适宜和高度适宜方案可满足引黄工程新增项目区对林地和耕地的需求。

2）综合分析流量、水位、流速和栖息地面积等生态特征值，创建了考虑敏感物种的不同适宜等级生态需水月过程评价方法，并结合敏感物种存在阶段的实际水位和流量，确定了湟水流域干流及支流关键断面的生态需水月过程和年生态需水总量，结果表明：湟源、石崖庄、西宁、乐都和民和断面的年生态需水总量分别为 1.66 亿 m^3、1.90 亿 m^3、4.53 亿 m^3、4.76 亿 m^3 和 8.6 亿 m^3；盘道沟断面和北川河朝阳断面生态需水总量分别为 3902 万 m^3 和 1.68 亿 m^3；项目区年生态需水量合计 3.35 亿 m^3，其中北岸为 2.2 亿 m^3、南岸为 1.15 亿 m^3。此外，并通过多方法分析计算了大通河重要断面生态需水量，结果显示：大通河尕大滩、天堂寺和享堂断面河道内生态需水量分别为 8.79 亿 m^3、12.64 亿 m^3 和 15.15 亿 m^3。

3）近年来，随着青海省节水型社会建设的大力实施，研究区内各行业用水水平显著提高，与周边省区对比节水处于较高水平。按照节水优先要求，未来研究区内节水水平将进一步提高，灌溉水利用系数提高到 0.65，万元工业增加值用水量降低到 16m³，供水管网漏失率降低到 7%。

研究区基准年多年平均需水量为 9.47 亿 m³，2030 年总需水 17.25 亿 m³，2040 年基本方案总需水 21.23 亿 m³。基准年至 2030 年需水量增加 7.78 亿 m³，年增长率 4.4%。2030 年至 2040 年需水量增加 3.98 亿 m³，年增长率 2.1%。

各行业中，城乡居民生活需水量由现状年的 1.13 亿 m³ 增加到 2040 年 1.92 亿 m³，年增长率为 2.2%；随着工业园区的发展，工业需水由基准年的 1.39 亿 m³ 增加到 2040 年的 6.08 亿 m³，年增长率为 6.3%。该需水方案下现状年至 2040 年需水年增长率为 3.4%。

考虑到 2040 年需水预测成果存在一定的不确定性，在基本需水方案预测（21.23 亿 m³）的基础上，通过增加与降低 2030～2040 年期间研究区工业、建筑业、三产增加值年均增速，增加三个 2040 年需水方案，三个需水方案下现状年至 2040 年研究区需水总量年增长率分别为 3.7%、3.3%、3.0%，相应的总需水量为 22.9 亿 m³、20.69 亿 m³ 与 19.33 亿 m³。

4）本次按优先满足生态用水考虑，对现状中小型蓄引提工程可供水量进行复核。本次对逐条支沟、主要蓄引提工程进行了长系列调节计算。根据计算结果，当地地表水可供水量需退还挤占生态水量 6001 万 m³。

考虑大通河生态保护目标要求，经过调算，在保证适宜生态需水条件下，大通河可调水量为 8.71 亿 m³，其中引硫济金可调水量 0.38 亿 m³，引大济湟可调水量 4.52 亿 m³，引大入秦可调水量 3.81 亿 m³。

规划水平年结合青海省、西宁市地下水压采保护相关政策要求，考虑压减现状以自备井为水源的工业企业和部分城市供水量，经分析 2030 年地下水供水量 1.58 亿 m³，2040 年地下水供水量 1.33 亿 m³。根据《湟水流域综合规划》，通过分期建设西宁市中水回用工程，提高污水收集、处理以及中水回用的效率，2030 年中水可利用量 0.68 亿 m³，2040 年中水可利用量 0.97 亿 m³，未利用的中水，经多次深度处理的中水考虑补充河道水量。

5）通过分析湟水河谷水资源均衡配置特征与模型主要功能，对湟水河谷水资源配置系统进行概化。结合流域社会经济发展、生态环境保护等配置边界，构建湟水流域社会经济发展缺水量最小、调出区调水生态效益减少量最小、黄河干流梯级电站发电量减少值最小、受水区调水经济效益最大四个目标函数。采用时段滑动寻优算法进行基于水量均衡配置的水库调节计算，按照"分析湟水河谷规划水平年所需外调水总量—分析引大济湟与引黄济宁工程合理调水规模分析—引大济湟与引黄济宁工程调水量优化分配"的求解思路,将各目标按优先满足次序进行分层并求解。结合经济性与节水性分析得到 2030 年引大济湟、引黄济宁工程调水量分别为 2.56 亿 m³、5.11 亿 m³,2040 年引大济湟、引黄济宁工程调水量分别为 4.18 亿 m³、7.9 亿 m³。

8.2 展　　望

本研究取得了四个方面的创新成果。

1)基于土地适宜性评价的湟水河谷"山水林田湖草"生态格局优化。通过流域自然地理、社会经济和水土资源开发利用等现状及演变研究,构建了湟水流域土地适宜性评价模型,从土壤、水资源、气候、地貌、海拔等因子开展土地适宜性评价,科学地优化了湟水河谷"山水林田湖草"生态格局。

2)基于分布式水文-水动力学-栖息地模型的河道内生态需水量确定。通过流域分布式水文-水动力学-栖息地模型间的沟壑,模拟区域各子流域的径流过程、水位及栖息地面积的变化,定量识别了径流过程对水位的影响、径流-水位对栖息地的影响,科学揭示了流域生态需水量变化机理,合理计算了湟水河谷河道内适宜生态需水量。

3)生态优先下多水源可供水量评价体系。基于引大济湟工程与引黄济宁工程相关关系,结合引黄济宁工程调水影响,科学评价了生态优先下湟水河谷多水源可供水量。

4)湟水河谷多水源空间均衡配置。通过分析湟水河谷社会经济发展、生态保护等目标要求,构建了包含经济社会缺水量最小、多水源调水生态效益最大、调水经济效益最大三个目标的多目标水资源配置均衡模型,明晰了引黄济宁工程调水、配水原则,提出了引黄济宁工程调水规模方案集,并深入探讨了引黄济宁工程水资源配置关键技术的科学性与适用性。

然而,考虑到调水工程一般规模大、调水线路长、影响范围广,其运行管理涉及部门多、利益关系复杂,如何通过深入研究确保调水工程的安全运行,是未来关注的重点问题。因此,未来研究可以从以下三方面展开。

第一,面向生态的湟水河谷水库群调度研究。传统的水库调度虽然可以保障水资源的统一与高效管理,但会影响流域的生态情势,同时,考虑到外调水影响,湟水河谷水库群调度面临具有挑战的新形势。因此,在考虑外调水和本地水的联合运用下,如何通过湟水流域水库群调度增加河川流态多样性,增加物种生境多样性,增加水生态系统多样性值得进行深入研究。研究可以考虑从水库群生态目标与经济目标之间的权衡关系入手,探究水库调度下的河流水温分层问题,从而确定生态需水保障的风险阈值，最终研究出面向生态安全的湟水流域水库群调度方式。

第二，多主体博弈下的协调补偿机制研究。在未来，湟水流域存在多个水源，同时也面临多个利益主体，如流域管理机构、地方政府、水库管理局、水文站、环境监管机构、电力调度机构等多个部门。研究可以考虑从多方博弈关系出发，分析有效的管理协调机制，从而探究更为优化的补偿机制，最终实现相应法律法规的优化。

第三，工程运行动态水价研究。合理、科学的调水工程水价对工程顺利运行具有重要意义。如工程运行初期，由于外调水成本会远大于当地水成本，为引导用水户合理使用当地水和外调水，积极培育水市场，发挥调水工程效益，需要研究建立工程运行动态水价机制。研究可以考虑利用协同学理论，研究工程良性运行、地方承受力、水价、生态保证程度四者间的协同关系，从而找到四者间的均衡点，以均衡点为控制指标，以期实现水价的动态调控。

参 考 文 献

步长千，胡志斌，于立忠，等. 2013. 辽宁省清原县森林资源结构及其空间优化配置. 应用生态学报，24（4）：1070-1076.

陈柯明，韩义超，李波. 2003. 跨流域调水工程中调蓄工程的调度研究. 中国农村水利水电，（4）：64-67.

陈晓宏. 2001. 湿润区变化环境下的水资源优化配置. 北京：中国水利水电出版社.

陈效国，石春先，黄强，等. 2007. 黄河流域水资源演变的多维临界调控模式. 郑州：黄河水利出版社.

陈兴茹，刘树坤. 2007. 论经济合理的生态用水量及其计算模型（Ⅱ）——应用. 水利水电科技进展，26（6）：1-5.

成金华，尤喆. 2019. "山水林田湖草是生命共同体"原则的科学内涵与实践路径. 中国人口•资源与环境，29（2）：4-9.

崔保山，赵翔，杨志峰. 2005. 基于生态水文学原理的湖泊最小生态需水量计算. 生态学报，25（7）：1788-1795.

丁坚钢，高永胜，王建华，等. 2012. 西苕溪流域健康状况的模糊诊断. 水土保持通报，32（5）：50-55.

冯尚友. 1991. 水资源系统工程. 武汉：湖北科学技术出版社.

付海英，郝晋珉，安萍莉，等. 2007. 基于精明增长的城市空间发展方向分析——以山东省泰安市为例. 资源科学，29（1）：63-69.

付晓杰，王旭，雷晓辉，等. 2014. 引汉济渭受水区多水源联合调配模型分析. 人民黄河，36（10）：65-67.

甘泓，秦长海，汪林，等. 2012. 水资源定价方法与实践研究：水资源价值内涵浅析. 水利学报，43（3）：289-295.

甘泓，汪林，曹寅白，等. 2013. 海河流域水循环多维整体调控模式与阈值，科学通报，58（12）：1085-1100.

耿六成，张磊，刘爱军. 2000. 南水北调中线工程河北省段水量调蓄问题. 河北水利水电技术，（S1）：60-61.

郭新春，罗麟，姜跃良，等. 2008. 西南山区小型河流生态需水量研究. 人民长江，39（18）：14-16.

胡昌暖. 1993. 资源价格研究. 北京：中国物价出版社.

华士乾. 1988. 水资源系统分析指南. 北京：水利电力出版社.

黄强，畅建霞. 2007. 水资源系统多维临界调控的理论与方法. 北京：中国水利水电出版社.

黄晓荣，张新海，裴源生，等. 2006. 基于宏观经济结构合理化的宁夏水资源合理配置.水利学报，37（3）：371-375.

姜德娟，王会肖. 2004. 生态环境需水量研究进展. 应用生态学报，15（7）：1271-1275.

姜文来. 1998. 水资源价值论. 北京：科学出版社.

李丹丹，陈南祥，李耀辉，等. 2015. 基于能值理论与方法的区域可利用水资源价值研究.中国农村水利水电，（3）：22-24，28.

李金昌. 1991. 资源核算论. 北京：海洋出版社.

李景保，常疆，李杨，等. 2007. 洞庭湖流域水生态系统服务功能经济价值研究. 热带地理，27（40）：311-316.

李丽锋，惠淑荣，宋红丽，等. 2013. 盘锦双台河口湿地生态系统服务功能能值价值评价. 中国环境科学，33（8）：1454-1458.

李朦，汪妮，解建仓，等. 2016. 基于模糊物元模型的再生水资源价值评价. 西北农林科技大学学报（自然科学版），44（1）：223-229.

李鑫，肖长江，欧名豪，等.2017. 基于生态位适宜度理念的城镇用地空间优化配置研究. 长江流域资源与环境，26（3）：55-62.

李秀彬. 1996. 全球环境变化研究的核心领域——土地利用/土地覆被变化的国际研究动向. 地理学报，（6）：553-558.

李益敏，管成文，郭丽琴，等. 2018. 基于生态敏感性分析的江川区土地利用空间格局优化配置. 农业工程学报，34（20）：275-284，324.

李云成，王瑞玲，娄广艳. 2017. 湟水流域水生态保护与修复研究. 水生态学杂志，（6）：13-20.

廖四辉，程绪水，施勇，等. 2010. 淮河生态用水多层次分析平台与多目标优化调度模型研究. 水力发电学报，29（4）：14-19，27.

林金煌，陈文惠，祁新华，等. 2018. 闽三角城市群生态系统格局演变及其驱动机制. 生态学杂志，37（1）：203-210.

刘丙军，陈晓宏. 2009. 基于协同学原理的流域水资源合理配置模型和方法. 水利学报，40（1）：60-66.

刘昌明. 2009. 中国至 2050 年水资源领域科技发展路线图. 北京：科学出版社.

刘长荣，付强，赵洋. 2010. 水量平衡法对扎龙湿地生态需水量的研究. 黑龙江水利科技，38（2）：21-23.

刘长余，韩凤来，张贵民. 2005. 南水北调东线胶东输水干线兴建调蓄水库的必要性. 南水北调与水利科技，（2）：15-17.

刘芳芳，连华，王建兵，等. 2016. 基于模糊数学模型的张掖市水资源价值计算研究. 中国农学通报，32（2）：87-91.

刘健，余坤勇，亢兴兰，等. 2009. 基于 3S 技术生态公益林空间格局优化配置技术模拟研究. 北京林业大学学报，（S2）：78-85.

刘金华. 2013. 水资源与社会经济协调发展分析模型拓展及应用研究. 北京：中国水利水电科学研究院博士学位论文.

刘静玲，杨志峰. 2002. 湖泊生态环境需水量计算方法研究. 自然资源学报，17（5）：604-609.

陆雨婷，姚梦园，朱娴飞，等. 2018. 合肥市建设扩张与生态格局时空演变特征分析. 安徽农业大学学报，163（3）：114-122.

马浩，周志翔，王鹏程，等. 2010. 基于多目标灰色局势决策的三峡库区防护林类型空间优化配置. 应用生态学报，21（12）：3083-3090.

孟碟. 2013. 黔中水利枢纽工程水资源调配与经济核算研究. 天津：天津大学博士学位论文.

牛振国，李保国，张凤荣. 2002. 基于区域土壤水分供给量的土地利用优化模式. 农业工程学报，18（3）：173-177.

欧阳志云，赵同谦，王效科，等. 2004. 水生态服务功能分析及其间接价值评价. 生态学报，24（10）：2091-2099.

潘扎荣，阮晓红，徐静. 2013. 河道基本生态需水的年内展布计算法. 水利学报，44（1）：119-126.

庞爱萍，孙涛. 2012. 基于生态需水保障的农业生态补偿标准. 生态学报，32（8）：2550-2560.

裴源生，赵勇，陆垂裕，等. 2006. 经济生态系统广义水资源合理配置. 郑州：黄河水利出版社.

秦长海. 2013. 水资源定价理论与方法研究. 北京：中国水利水电科学研究院博士学位论文.

秦长海，甘泓，汪林，等. 2013. 海河流域水资源开发利用阈值研究. 水科学进展，24（2）：220-227.

邱林，任国源，王文川，等. 2015. 模糊优选神经网络模型在水资源价值评价中的应用. 水资源研究，4（4）：320-329.

任琴雪. 2007. 万家寨引黄北干大同供水区调节水库选址分析. 山西水利科技，（4）：32，33.

邵东国，吴振，顾文权，等. 2017. 基于供求关系和生产函数的灌区水量使用权交易模型. 水利学报，48（1）：61-69.

沈大军，梁瑞驹，王浩，等. 1998. 水资源价值. 水利学报，（5）：54-59.

水利部黄河水利委员会勘测规划设计院. 1993. 黄河流域水资源经济模型研究. 郑州：黄河水利出版社.

宋进喜，王伯铎. 2006. 生态、环境需水与用水概念辨析. 西北大学学报（自然科学版），36（1）：153-156.

宋艺，李小军，江涛. 2017. 2008—2014 年植被覆盖变化对黑河流域净初级生产力的影响研究. 水土保持研究，（4）：204-209.

粟晓玲，康绍忠. 2003. 生态需水的概念及其计算方法. 水科学进展，14（6）：740-744.

谈昌莉，廖奇志，周玮，等. 2008. 西藏夏布曲干流生态需水量初步分析. 水利经济，26（1）：52-54.

唐德善. 1994. 黄河流域多目标优化配水模型.河海大学学报，22（1）：46-52.

涂小松，濮励杰. 2008. 苏锡常地区土地利用变化时空分异及其生态环境响应. 地理研究，27（3）：583-593.

汪林，甘泓，倪红珍，等. 2009. 水经济价值及相关政策影响分析北京：中国水利水电出版社.

王波，王夏晖，张笑千. 2018. "山水林田湖草生命共同体"的内涵、特征与实践路径——以承德市为例. 环境保护，46（7）：60-63.

王浩，秦大庸，王建华，等. 2003. 黄淮海流域水资源合理配置. 北京：科学出版社.

王浩，阮本清，沈大军. 2003. 面向可持续发展的水价理论与实践. 北京：科学出版社.

王浩，严登华，贾仰文，等. 2010. 现代水文水资源学科体系及研究前沿和热点问题. 水科学进展，21（4）：479-489.

王浩，游进军. 2008. 水资源合理配置研究历程与进展. 水利学报，39（10）：1168-1175.

王西琴. 2007. 河流生态需水理论、方法与应用. 北京：中国水利水电出版社.

王煜，彭少明，刘刚，等. 2014. 西北典型缺水地区水资源可持续利用与综合调控研究. 郑州：黄河水利出版社.

魏婧，郑雄伟，马海波，等. 2017. 调蓄水库在舟山市大陆引水工程中的作用与规模探讨. 浙江水利科技，45（5）：24-27.

魏石梅，潘竟虎，魏伟. 2018. 绿洲城市用地扩展的景观生态格局变化——以武威市凉州区为例. 生态学杂志，37（5）：1498-1508.

魏彦昌，苗鸿，欧阳志云，等. 2006. 海河流域用水平衡及生态用水保障措施探讨. 水资源与水工程学报，17（1）：11-14.

温善章，石春先，安增美，等. 1993. 河流可供水资源影子价格研究.人民黄河，（7）：10-13.

吴克宁，赵玉领，冯新伟. 2006. 土地利用战略研究——以驻马店市为例. 资源与产业，8（1）：24-27.

吴浓娣，吴强，刘定湘. 2019. 系统治理——坚持山水林田湖草是一个生命共同体. 河北水利，（1）：12-23.

吴霜，延晓冬，张丽娟. 2014. 中国森林生态系统能值与服务功能价值的关系.地理学报，69（3）：334-342.

吴舜泽，刘越，俞海. 2018. 全国生态环境保护大会三大成果的理论思考. 环境保护，46（11）：11-16.

吴泽宁，吕翠美，胡彩虹，等. 2013. 水资源生态经济价值能值分析理论方法与应用. 北京：科学出版社.

吴泽宁，索丽生，曹茜. 2007. 基于生态经济学的区域水质水量统一优化配置模型. 灌溉排水学报，26（2）：1-6.

席广亮，许振东，葛文才，等. 2016. 生态文明视角下的"多规"空间优化布局研究——以泰州市姜堰区为例. 中国环境管理，8（3）：30-34.

夏军，朱一中. 2002. 水资源安全的度量：水资源承载力的研究与挑战. 自然资源学报，17（3）：262-269.

夏军，石卫，陈俊旭，等. 2015. 变化环境下水资源脆弱性及其适应性调控研究. 水利水电技术，46（6）：27-33.

夏军，翟金良，占车生. 2011. 我国水资源研究与发展的若干思考.地球科学进展，26（9）：905-915.

谢炳庚，曾晓妹，李晓青，等. 2010. 乡镇土地利用规划中农村居民点用地空间布局优化研究——以衡南县廖田镇为例. 经济地理，30（10）：1700-1705.

谢鹏飞，赵筱青，张龙飞. 2015. 土地利用空间优化配置研究进展. 山东农业科学，（3）：138-143.

熊善高，万军，秦昌波，等. 2018. 长江中游地区生态系统格局动态演变特征. 环境保护科学，44（1）：30-35.

徐霞，刘海鹏，高琼. 2008. 中国北方农牧交错带土地利用空间优化布局的动态模拟. 地理科学进展，27（3）：80-85.

徐志侠，王浩，唐克旺，等. 2005. 吞吐型湖泊最小生态需水研究. 资源科学，27（3）：140-144.

许新宜，王浩，甘泓，等. 1997. 华北地区宏观经济水资源规划理论与方法. 郑州：黄河水利出版社.

严登华，王浩，王芳，等. 2007. 我国生态需水研究体系及关键研究命题初探. 水利学报，38（3）：267-273.

杨文慧，严忠民，吴建华. 2005. 河流健康评价的研究进展. 河海大学学报：自然科学版，33（6）：607-611.

杨朝晖. 2013. 面向生态文明的水资源综合调控研究——以洞庭湖为例. 北京：中国水利水电科学研究院博士学位论文.

于岚岚，夏自强，郭利丹，等. 2012. 松花江哈尔滨段河道内生态需水研究. 水电能源科学，（8）：9-16.

张百平，罗格平. 2005. 干旱区山地生态格局与可持续发展. 干旱区研究，22（4）：419-423.

赵长森，刘昌明，夏军，等. 2008. 闸坝河流河道内生态需水研究——以淮河为例. 自然资源学报，23（3）：400-411.

赵建世. 2003. 基于复杂适应理论的水资源优化配置整体模型研究. 北京：清华大学博士学位论文.

赵建世，王忠静，翁文斌. 2004. 水资源系统整体模型研究. 中国科学E辑，34（S1）：60-73.

赵宁，潘明强，李静. 2010. 小江调水调蓄水库方案研究. 华北水利水电学院学报，31（02）：9-11.

赵廷式，李红颖. 2009. 万家寨引黄北干线调节水库规划问题. 山西水利科技，（1）：1-4.

赵同谦，欧阳志云，王效科，等.2003.中国陆地地表水生态系统服务功能及其生态经济价值评价.自然资源学报，18（4）：443-452.

赵筱青，王海波，杨树华，等.2008.基于 GIS 支持下的土地资源空间格局生态优化.生态学报，29（9）：4892-4910.

赵焱，王明昊，李皓冰，等.2017.水资源复杂系统协同发展研究.郑州：黄河水利出版社.

赵勇.2006.广义水资源合理配置研究.北京：中国水利水电科学研究院博士学位论文.

中华人民共和国水利部.2011.河湖生态需水评估导则（SL/Z 479—2010）.北京：中国水利水电出版社.

周宏春，江晓军.2019.习近平生态文明思想的主要来源、组成部分与实践指引.中国人口·资源与环境，29（1）：4-13.

朱启林，申碧峰，孙静，等.2015.支付意愿法在北京市水资源费测算中的应用.人民黄河，37（10）：58-61.

Acreman M C，Dunbar M J. 2004. Defining environmental river flow requirements? A review. Hydrology and Earth System Sciences Discussions，8（5）：861-876.

Agrell P J，Stam A，Fischer G W. 2004. Interactive multiobjective agro-ecological land use planning: The Bungoma region in Kenya. European Journal of Operational Research，158（1）：194-217.

Ali M H，Hoque M R，Hassan A A，et al. 2007. Effeets of deficit irrigation on yield，water productivity，and economic returns of wheat. Agricultural water management，92（3）：151-161.

Arbault D，Rugani B，Tiruta-Barna L，et al. 2013. Emergy evaluation of water treatment processes. Ecological Engineering，60：172-182.

Armbruster J T. 1976. An infiltration index useful in estimating low-flow characteristics of drainage basins. Journal of Research US Geological Survey，(5)：533-538.

Arthington A H，Pusey B J. 2003. Flow restoration and protection in Australian rivers. River research and applications，19（5-6）：377-395.

Aylward B，Seely H. 2010. The economic value of water for agricultural. domestic and industrial uses: a global compilation of economic studies and market prices. Ecosystem Economics，5（31）：213-221.

Babel M，Gupta A D，Nayak D. 2005. A model for optimal allocation of water to competing demands. Water Resources Management，19（6）：693-712.

Bahloul S，Abid F. 2017. A combined analytic hierarchy process and goal programming approach to international portfolio selection in the presence of investment barriers. Social Science Electronic Publishing，3（1）：25-33.

Baird A J，Wilby R L. 1999. Eco-hydrology: Plants and Water in Terrestrial and Aquatic Environments. London：Psychology Press.

Cai X M, Mckinney D C, Lasdon L S. 2002. A framework for sustainability analysis in water resources management and application to the Syr Darya Basin. Water Resources Research, 38 (6): 21-1-21-6.

Campbell S G, Hanna R B, Flug M, et al. 2001. Modeling Klamath River system operations for quantity and quality. Journal of Water Resources Planning and Management, 127 (5): 284-294.

Charnes A, Haynes K E, Hazleton J E, et al. 2010. An hierarchical goal programming approach to environmental-land use management. Geographical Analysis, 7 (2): 121-130.

Clark J S, Rizzo D M, Watzin M C, et al. 2008. Spatial distribution and geomorphic condition of fish habitat in streams: an analysis using hydraulic modelling and geostatistics. River Research and Applications, 24 (7): 885-899.

Davijani M H, Banihabib M E, Anvar A N. 2016. Multi-Objective optimization model for the allocation of water resources in arid regions based on the maximization of socioeconomic efficiency. Water Resour Manage, 30 (3): 927-946.

De Jalón D G, Gortazar J. 2007. Evaluation of instream habitat enhancement options using fish habitat simulations: case-studies in the river Pas (Spain). Aquatic Ecology, 41 (3): 461-474.

Fakhraei Sh, Naraganan R. 1984. Price rigidity and quantity rationing rules under stochastic water supply. Water Resources Research, 20 (6): 2-19.

Fridman A. 2015. Water pricing reform analysis: alternative scenarios. Journal of Economic Policy Reform, 18 (3): 258-266.

Gippel C J, Stewardson M J. 1998. Use of wetted perimeter in defining minimum environmental flows. Regulated Rivers: Research and Management, 14 (1): 53-67.

Gleick P H. 1998. Water in crisis: paths to sustainable water use. Ecological Applications, 8 (3): 571-579.

Gleick P H. 2000. A look at twenty-first century water resources development. Water International, 25 (1): 127-138.

Gore J A. 1989. Models for Predicting benthic macroinvertebrate habitat suitability under regulated flows//Alternatives in Regulated River Management. Boca Raton Florida: CRC Press: 253-265.

Hansen W J. 1991. National economic development procedures manual recreation. Evaluating Changes in the Quality of Recreation, 4 (31): 23-31.

Jerson K, Rafael K. 2002. Water allocation for production in a semi-arid region. Water Resources Development, 18 (3): 391-407.

Jia S F, Long Q B, Wang R Y, et al. 2016. On the inapplicability of the cobb-douglas production function for estimating the benefit of water use and the value of water resources.Water Resour Manage, 30 (10): 3645-3650.

Jia S B, You Y H, Wang R. 2008. Influence of water diversion from Yangtze River to Taihu Lake on nitrogen and ohosphorus concentrations in different water areas. Water Resources, 24 (3): 53-56.

Jin X, Yan D H, Wang H, et al. 2011. Study on integrated calculation of ecological water demand for basin system. Sci China Tech Sci, 54 (10): 2638-2648.

Johnson J A, Sivakumar K, Rosenfeld J. 2017. Ecological flow requirement for fishes of Godavari river: flow estimation using the PHABSIM method.Current Science, 113 (11): 2187-2193.

King J, Louw D. 1998. Instream flow assessments for regulated rivers in South Africa using the Building Block Methodology. Aquatic Ecosystem Health and Management, 1 (2): 109-124.

Lacey R W, Millar R G. 2004. Reach scale hydraulic assessment of instream salmonid habitat restoration. Journal of the American Water Resources Association, 40 (6): 1631-1644.

Loomis J, Kent P, Strange L, et al. 2000. Measuring the economic value of restoring ecosystem services in an impaired river basin: results from a contingent valuation survey. Ecological Economics, 33 (1): 103- 117.

Malano H M, Davidson B. 2009. A framework for assessing the trade-offs between economic and environmental uses of water in a river basin. Irrigation and Drainage, 58 (S1): S133-S147.

Mandelbrot B B, Wheeler J A. 1983. The fractal geometry of nature. The Quarterly Review of Biology, 5 (3): 468-475.

Matsiori S, Neofitou C, Aggelopoulos S, et al. 2013. Measuring the values of water resources: an application of principal component analysis. Journal of environmental protection and ecology, 14 (2): 781-785.

Matthews K B, Buchan K, Sibbald A R, et al. 2006. Combining deliberative and computer-based methods for multi-objective land-use planning. Agricultural Systems, 87 (1): 18-37.

Mmopelwa G. 2006. Economic and financial analysis of harvesting and utilization of river reed in the Okavango Delta, Botswana. Journal of Environmental Management, 79 (4): 329-335.

Moncur J E T. 1987. Urban water pricing and drought management.Water Resources Research, 23 (3): 393-398.

Mosley M P. 1982. Analysis of the effect of changing discharge on channel morphology and instream uses in a braided river, Ohau River, New Zealand. Water Resources Researches, 18 (4): 800-812.

Ngana J O, Mwalyosi R B B, Madulu N F, et al. 2003. Development of an integrated water resources management plan for the Lake Manyara sub-basin, Northern Tanzania. Physics and Chemistry of the Earth, Parts A/B/C, 28 (20): 1033-1038.

Pearson D, Walsh P D. 1982. The derivation and use of control curves for the regional allocation of water resources.Water Resources Research, 7: 907-912.

Percia C, Oron G, Mehrez A. 1997. Optimal operation of regional system with diverse water quality sources . Journal of Water Resources Planning and Management，123（2）：105-115.

Prodanovic P，Simonovic S P. 2010. An operational model for support of integrated watershed management. Water Resour Manage，24（6）：1161-1194.

Read L，Madani K，Inanloo B. 2014. Optimality versus stability in water resource allocation. Journal of environmental management，133：343-354.

Renzetti S，Dupont D P，Chitsinde T. 2015. An empirical examination of the distributional impacts of water pricing reforms. Utilities Policy，34：63-69.

Reza B，Sadiq R，Hewage K. 2014. Emergy-based life cycle assessment（Em-LCA）for sustainability appraisal of infrastructure systems：a case study on paved roads . Clean Technologies and Environment Policy，16（2）：251-266.

Richter B D. 1997. How much water does a river need? Freshwater Biology，37（2）：231-249.

Richter B D，Baumgartner J V，Wigington R，et al. 1997. How much water does a river need? Freshwater biology，37（1）：231-249.

Romijn E，Tamminga M. 1982. Allocation of water resources in the eastern part of the Netherlands//Lowing M J. Optimal Alloction of Water Resources（Proceedings of a Symposium Held at Exeter）：137-154.

Rupérez-Moreno C，Pérez-Sánchez J，Senent-Apariciohe J，et al. 2015. The economic value of conjoint local management in water resources：Results from a contingent valuation in the Boquerón aquifer（Albacete，SE Spain）. Science of the Total Environment，532：255-264.

Saroinsong F，Harashina K，Arifin H，et al. 2007. Practical application of a land resources information system for agricultural landscape planning. Landscape and Urban Planning，79（1）：38-52.

Schoolmaster F A. 1991. Water marketing and water rights transfers in the lower rio grande valley texas. Prof Geographer，43（3）：46-52.

Shahriari Nia E ，Asadollahfardi G，Heidarzadeh N. 2016. Study of the environmental flow of rivers，a case study，Kashkan River，Iran. Journal of Water Supply：Research and Technology-AQUA，65（2）：181-194.

Shafer J M，Labadie J W. 1978. Synthesis and Calibration of a River Basin Water Management model.Completion Report No.89，Colorado：Fort Collins.

Tennant D L. 1976. Instream flow regimens for fish，wildlife，recreation and related environmental resources. Fisheries，1（4）：6-10.

Tharme R E. 2003. A global perspective on environmental flow assessment：emerging trends in the development and application of environmental flow methodologies for rivers. River research and applications，19（5-6）：397-441.

Tietenberg T，Lewis L. 2009. Environmental and Natural Resource Economics（8th Edition）Pearson

Educatin.

Tilley D R, Badrinarayanan H, Rosati R, et al. 2002. Constructed wetlands as recirculation filters in large-scale shrimp aquaculture. Aquacultural Engineering, 26 (2): 81-109.

Van Dijk D, Siber R, Brouwer R, et al. 2016. Valuing water resources in Switzerland using a hedonic price model. Water Resources Research, 52 (5): 3510-3526.

Vega-Azamar R E, Glaus M, Hausler R, et al. 2013. An emergy analysis for urban environmental sustainability assessment, the Island of Monteal, Canada. Land-scape and Urban Planning, 118: 18-28.

Wałęga A, Młyński D, Kokoszka R, et al. 2015. Possibilities of applying hydrological methods for determining environmental flows in select catchments of the upper dunajec basin. Polish Journal of Environmental Studies, 24 (6): 2663-2676.

Wang J H, Hou B D, Jiang D H, et al. 2016. Optimal allocation of water resources based on water supply security. Water, 8: 237.

Watanabe M D B, Ortega E. 2011. Ecosystem services and biogeochemical cycles on a global scale: valuation of water, carbon and nirtrogen processes. Environmental Science and Policy, 14 (6): 594-604.

Whipple W, Duflois J D, Grigg N, et al. 1999. A proposed approach to coordination of water resource development and environmental regulations. Journal of the American Water Resources Association, 35 (4): 713-716.

Willis E, Pearce M, Mamerow L, et al. 2013. Perceptions of water pricing during a drought: a case study from South Australia. Water, 5 (1): 197-223.

Wilson M A, Carpenter S R. 1999. Economic valuation of freshwater ecosystem services in the United States: 1971-1997. Ecological Applications, 9 (3): 772-787.

Young R A. 2006. Determining the Economic Value of Water. Resources for the Future, Washington D C.

Zhang Q, Gu X H, Singh V, et al. 2015. Evaluation of ecological instream flow using multiple ecological indicators with consideration of hydrological alterations. Journal of Hydrology, 529: 711-722.

Zhang Q, Zhang Z J, Shi P J, et al. 2018. Evaluation of ecological instream flow considering hydrological alterations in the Yellow River basin, China. Global and Planetary Change, 160: 61-74.